电路分析项目化教程

主　编　钱　静　李建荣
副主编　韩先虎

U0199768

北京理工大学出版社
BEIJING INSTITUTE OF TECHNOLOGY PRESS

内 容 提 要

本书基于项目化课程，按照项目化形式组织内容，遵循学生的认知规律，遵循由简单到复杂、由单一到综合的递进规律，精心编排，引导和激发学生的实践探索精神，完全做到了"工学结合""理实一体"。本书设置了五个项目，主要内容包括直流电路的装接与测试、单相交流电路的装接与测试、三相交流电路的装接与检测、动态电路与非正弦周期电路的分析与测试、安全用电与触电急救知识。本书通过典型的应用实例，将理论知识的学习、实践能力的培养以及综合素质的提高三者紧密结合起来，为学生后续课程的学习、培养综合职业技能打下基础。

本书可作为高职高专院校电气自动化技术、机电一体化技术、工业机器人技术、智能控制技术、电子信息工程技术、物联网应用技术等相关专业的教材，也可作为相关工程技术人员的参考书。

图书在版编目（CIP）数据

电路分析项目化教程／钱静，李建荣主编．—北京：北京理工大学出版社，2020.8
ISBN 978－7－5682－8964－1

Ⅰ.①电…　Ⅱ.①钱…　②李…　Ⅲ.①电路分析－高等职业教育－教材　Ⅳ.①TM133

中国版本图书馆 CIP 数据核字（2020）第 160493 号

出版发行／北京理工大学出版社有限责任公司

社　　　址／北京市海淀区中关村南大街 5 号

邮　　　编／100081

电　　　话／（010）68914775（总编室）
　　　　　　（010）82562903（教材售后服务热线）
　　　　　　（010）68948351（其他图书服务热线）

网　　　址／http：//www.bitpress.com.cn

经　　　销／全国各地新华书店

印　　　刷／三河市华骏印务包装有限公司

开　　　本／787 毫米×1092 毫米　1/16

印　　　张／12.75

字　　　数／300 千字

版　　　次／2020 年 8 月第 1 版　2020 年 8 月第 1 次印刷

定　　　价／58.00 元

责任编辑／王艳丽

文案编辑／王艳丽

责任校对／周瑞红

责任印制／施胜娟

前言
Preface

依据《国家职业教育改革实施方案》中提出的"三教"（教师、教材、教法）改革，结合《教育部关于加快发展职业教育的意见》，以课程建设为统领，根据"以服务为宗旨、以就业为导向、以能力为本位"的指导思想，在深入开展任务驱动教学的基础上，编写了本书。

"电路分析"课程是高等职业技术院校电气自动化技术、机电一体化技术、工业机器人技术、智能控制技术、电子信息工程技术、物联网应用技术等电类相关专业必修的一门专业基础课，主要讨论电路的基本概念、基本理论、基本方法和实际应用，为进一步研究电路理论和学习后续课程打下理论基础。

本教材主要面向电气、机电、电子等行业，以培养学生的电路装接与检测能力为主要目标，紧紧围绕职业能力的要求选择组织课程内容，将职业活动贯穿于课程教学的全过程，加强实践教学，理论联系实际，重点突出实践与理论知识的联系。按照"教学内容职业化，实践教学技能化"原则，增强课程内容与职业岗位能力要求的相关性，通过合理进行知识、技能的解构与重构，突出对学生岗位专项能力的培养，为学生将来的就业和学习奠定重要的基础。

本教材由五个项目组成，主要内容包括直流电路的装接与测试、单相交流电路的装接与测试、三相交流电路的装接与检测、动态电路与非正弦周期电路的分析与测试、安全用电与触电急救知识。书中以典型项目为载体，范围涵盖电气、机电、电子等领域，知识点涉及常用电工仪表的使用、摩托车转向灯电路、双控照明电路、三相交流电路的装接与测试以及Multisim仿真软件的操作方法和技巧，教材遵循由易到难、由简单到复杂、由单一到综合的学生认知规律和职业成长规律，构建职业能力递进的学习任务，使学生在相对轻松的状态下实现由"技术新手"到"技术能手"的转变。

本教材编写结合高职院校教学实际情况，邀请了扬州协创工贸有限公司工程师韩先虎合作共同修订而成，充分利用专业教师的理论知识和企业工程师的实践经验，共同制定教材修订大纲和实施教学计划，共同商定教材项目的内容选择及逻辑顺序，共同完成教材的编写，从而保证教材内容上理论与实践紧密结合，达到教材与岗位技术标准对接、学校教学过程与企业生产过程对接的要求。

本书由扬州工业职业技术学院钱静、李建荣主编，扬州协创工贸有限公司韩先虎任副主编。其中，项目一、项目二由李建荣编写；项目三、项目四由钱静编写；项目五由钱静、韩先虎共同编写。全书由钱静统稿。

由于编者水平有限，书中疏漏和不妥之处在所难免，敬请读者批评指正。

编　者

目 录
Contents

直流电路的装接与测试

电阻是最常用的电路元件，直流电阻电路是最基本的电路形式。本项目主要介绍电路的基本概念和基本物理量，讲解直流电阻电路的基本定律和基本分析方法，强调常用电工仪表的使用技能，通过学习使学生能熟练进行直流电阻电路的装接与电路基本物理量的测试。

任务一　常用电工仪表的使用

任务目标

知识目标
①学会万用表的使用方法；
②学会钳形表和兆欧表的使用方法；
③学会正确识读色环电阻的参数。

技能目标
①会使用模拟式万用表和数字式万用表；
②会使用钳形表和兆欧表；
③会正确识读色环电阻；
④会用万用表判别电阻元件的好坏。

任务描述

通过电流、电压、电阻等基本物理量的测试，掌握万用表及钳形表等的使用方法。

任务分析

熟练使用万用表，利用万用表进行交流电压、直流电压、直流电流和常用电阻的测量，正确识读色环电阻并进行质量判别；掌握常用电工仪表和电路测试的操作规范。

任务学习

一、万用表的使用

万用表又叫多用表，是电工必备的仪表之一，具有多功能、多量程、易操作、方便携带等特点。一般的万用表可测量直流电流、直流电压、交流电压、电阻和音频电平等，有的万用表还可以测量交流电流、电容、功率、晶体管共射极直流放大系数 h_{FE} 等。

万用表分为模拟式（指针式）和数字式两大类。模拟式万用表的结构简单、经济耐用、灵敏度高，但读数精度较差；数字式万用表读数精确、功能多、使用方便，但价格较贵。

1. 模拟式万用表

1）模拟式万用表的结构

模拟式万用表的结构主要由表头、转换开关、测量线路、面板等组成。表头是高灵敏度的磁电式机构，用来指示测量值；转换开关用来选择被测电量的种类和量程；测量线路将不同性质和大小的被测电量转换为表头所能接受的直流电流。

图 1-1 所示为 MF30 型万用表外形。该万用表可以测量直流电流、直流电压、交流电压和电阻等多种电量。万用表刻度盘上的四条刻度线分别与被测电量为电阻（Ω）、直流电压（$\underline{V}$）与直流电流（mA）、交流电压（$\underset{\sim}{V}$）、音频电平（dB）四种情况相对应。通过转换开关可对被测电量选择合适的测量范围，当转换开关拨到欧姆挡时，可分别与五个触点接通，分别用于测量 ×1、×10、×100、×1k、×10k 挡量程的电阻；当转换开关拨到直流电流挡时，可分别测量量程为 5 mA、50 mA 和 500 mA 及 50 μA、500 μA 的直流电流；当转换开关拨到直流电压挡时，可分别测量量程为 1 V、5 V、25 V、100 V 和 500 V 的直流电压；当转换开关拨到交流电压挡时，可分别测量量程为 10 V、100 V 和 500 V 的交流电压。各量程挡位的值用刻度盘上对应的被测电量满刻度值表示。如转换开关拨到直流电压 100 V 的挡位，则表示刻度盘上 V 对应刻度线的上限值为 100 V。

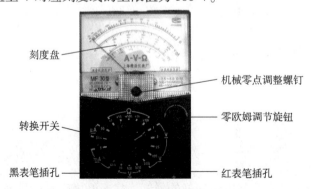

刻度盘　　　　　　　　　　　机械零点调整螺钉

转换开关　　　　　　　　　　零欧姆调节旋钮

黑表笔插孔　　　　　　　　　红表笔插孔

图 1-1　MF30 型万用表的外形

2）模拟式万用表使用前的准备工作

由于万用表种类较多，在使用前要做好测量的准备工作。

（1）了解刻度盘上每条刻度线所对应的被测电量。

（2）熟悉转换开关、零欧姆调节旋钮、插孔等的作用。检查表盘符号，"⌐"表示水平放置；"⊥"表示垂直使用；−2.5 表示测量直流电量时，万用表的精度等级为 2.5 级，即相对仪表量程的百分误差不超过 ±2.5%；~5 表示测量交流电量时，万用表的精度等级为 5 级，即相对仪表量程的百分误差不超过 ±5%。

（3）检查红色和黑色两根表笔所接的位置是否正确，红表笔插入 "+" 插孔或红色接线柱，黑表笔插入 "−" 插孔或黑色接线柱，有些万用表另有交直流 2500 V 高压测量端，在测高压时黑表笔不动，将红表笔插入高压插口。

（4）万用表测量前，仪表指针应指在交直流标尺的零刻度线上，即刻度盘左端的 "0" 位置。如果不在 "0" 位置上，可用小旋具微调面板上的机械零位调整螺钉，使指针指 "0"。

3）模拟式万用表使用注意事项

（1）测量时，应像使用筷子一样，单手夹持红、黑表笔，不能用手触摸表笔的金属部分，以保证安全和测量的准确性。

（2）测直流量时要注意被测电量的极性，避免指针反偏而损坏表头。

（3）每次测量前，应根据测量要求选择正确的挡位和量程，否则，误用挡位和量程，不仅得不到准确的测量结果，还会损坏万用表。

（4）测量中若需转换量程，必须在表笔脱离电路后才能进行，否则转换开关转动产生的电弧易烧坏转换开关的触点，造成接触不良的故障。

（5）模拟式万用表内电池的正极与面板上 "−" 插孔相连，电池的负极与 "+" 插孔相连，即红表笔插孔实际上是电池的负极。在测量电解电容和晶体管等器件时要注意极性。

（6）不允许用万用表的电阻挡直接测量高灵敏度表头的内阻，以免烧坏表头。

（7）测量完毕，转换开关应置于交流电压最高挡或空挡。

4）模拟式万用表的使用

（1）测量直流电压。

把转换开关拨到直流电压挡，选择合适的量程。在被测电压的数值范围未知时，可先选用最大量程挡。切记不能用电流挡测量电压，否则会烧坏仪表。万用表应并联在被测电路两端，红表笔接被测电压的正极，黑表笔接被测电压的负极。可先进行试探性点测（指针顺时针方向偏转，表示表笔所接极性正确），然后再调整极性和量程，尽量使指针指在满刻度的 2/3 附近。根据指针稳定时的位置及所选量程正确读数。

（2）测量交流电压。

把转换开关拨到交流电压挡，选择合适的量程。在被测电压的数值范围未知时，可先选用最大量程挡进行预测，然后再逐步降至合适的量程。将万用表两根表笔并接在被测电路的两端，不分正负极。根据指针稳定时的位置及所选量程，正确读数，其读数为交流电压的有效值。

（3）测量直流电流。

把转换开关拨到直流电流挡，选择合适的量程。将万用表串接于被测电路中。注意使电流从红表笔流入，从黑表笔流出，不可接反。根据指针稳定时的位置及所选量程，正确读数。

（4）测量电阻。

把转换开关拨到欧姆挡，合理选择量程。将两表笔短接，进行电气调零，即转动零欧姆调节旋钮，使指针指向电阻刻度右边的"0"Ω处。每换一次量程，欧姆挡的零点都需要重新调整一次。

测量电阻时，被测电阻不能处在带电状态，必须断开电源进行测量，否则会烧坏万用表。在电路中，当无法确定被测电阻是否与其他电阻并联时，应把被测电阻的一端从电路中断开才能进行测量。

测量电阻时，不允许用两只手捏住表笔和电阻两端的金属部分，否则会将人体电阻并接于被测电阻而引起测量误差。待指针稳定后，将指针指示的数值乘以所选量程的倍率即为所测电阻的阻值，如选用 $R \times 100$ 挡进行测量，指针指示 80，则被测电阻值为：$80 \times 100\ \Omega = 8\ 000\ \Omega = 8\ k\Omega$。

2. 数字式万用表

数字式万用表的测量准确度高，读数方便，功能多，随着大规模集成电路技术的发展和成熟，数字式万用表的稳定性越来越好，价格日趋下降，其应用越来越广泛。图 1 – 2 所示为 DT830 型数字式万用表的外形。

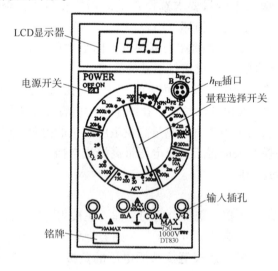

图 1 – 2   DT830 数字式万用表外形

1）数字式万用表面板说明

（1）LCD 显示器。

LCD 显示器为三位半数字液晶显示屏，最大显示值为 ±1999，可自动显示"0"和极性，过载时显示"1"或"–1"，电池电压过低时，显示"←"标志。

（2）电源开关。

置于 ON 位置，接通电源；置于 OFF 位置，断开电源。不用时应随手关断。

（3）β 值测试插座（h_{FE} 插口）。

将被测三极管的集电极、基极和发射极分别插入"C""B""E"插孔内，可测量 β 值。

测试时应注意区分三极管是 NPN 型还是 PNP 型。

（4）量程选择开关。

DT830 型数字式万用表可以测量交、直流电压和交、直流电流以及电阻、三极管 β 值、二极管导通电压和电路短接等，由一个旋转开关改变测量的功能和量程。可根据被测电量的性质和大小，选择不同的测量功能和量程挡位，共有 30 挡。

（5）输入插孔。

DT830 型数字式万用表有四个输入插孔。对应不同的被测电量，红、黑表笔的插入位置不同。

2）数字式万用表使用注意事项

（1）将电源开关置于 ON 位置时，如液晶显示 "←"（有的万用表显示 "💾" "BATT" 或 "LOW BAT" 等）标志时，表示电池电压不足。应及时更换电池，以确保测量精度。

（2）量程选择开关应置于正确的测量位置。对未知量进行测量时，应先把量程置于最大，然后从大向小调，直到合适为止。若显示 "1"，则表示过载，应加大量程。

（3）红、黑表笔测试线的绝缘层应完好，无破损和断线。

（4）注意人身安全，测量时，严禁用手触摸表笔的金属部分。

（5）红、黑表笔应插在符合测量要求的插孔内，保证接触良好。

（6）严禁量程开关在电压测量或电流测量过程中改变挡位，以防损坏仪表。

（7）熔丝损坏时，必须更换同类型规格的熔丝。

（8）测量完毕应及时关断电源。长期不用时，应取出电池。

3）数字式万用表的使用

（1）测量直流电压。

将红表笔插入 "V·Ω" 插孔，黑表笔插入 "COM" 插孔中。把转换开关拨到直流电压的合适量程挡上。将两表笔并联在待测电源（测开路电压）或负载（测负载电压）两端，红表笔接正极，黑表笔接负极，保持接触稳定，进行读数。如果在数值左边出现 "−"，则表明表笔极性与实际电源极性相反，此时红表笔接的是负极。

（2）测量交流电压。

红、黑表笔的接法与测量直流电压相同，将转换开关拨到交流电压合适挡位。测量时，单手夹持红、黑表笔，连接到待测电源或负载两端。此时无极性显示。

（3）测量直流电流。

将黑表笔插入 "COM" 插孔，当测量小于 200 mA 的电流时，红表笔插入 "mA" 插孔；若测量大于 200 mA 的电流时，红表笔插入 "10 A" 插孔。将转换开关拨到合适的量程挡，万用表串接在被测电路中，保持接触稳定，即可读数。如果在数值左边出现 "−"，则表明电流从黑表笔流进万用表。

（4）测量交流电流。

交流电流的测量方法同测量直流电流，只须将转换开关拨到交流电流合适挡位即可。电流测量完毕后应将红表笔插回 "V·Ω" 孔，以防误用电流挡位测量电压而烧坏万用表。

（5）测量电阻。

将红表笔插入 "V·Ω" 插孔，黑表笔插入 "COM" 插孔，转换开关拨到 "Ω" 合适挡位。单手夹持表笔接在电阻两端，保持接触稳定。一般大于 1MΩ 的电阻，读数几秒钟后才能稳定。读数时，要注意单位，在"200"挡时，单位是"Ω"；在"2 k"到"200 k"挡时，单位为"kΩ"；在"2M"到"200M"挡时，单位为"MΩ"。

（6）二极管测试及短路测试。

表笔接法与测量电阻相同，将量程选择开关拨到"·)))"位置。数字式万用表内电池的正极与面板上"+"插孔相连，电池的负极与"−"插孔相连，即红表笔的实际极性为"+"。将红表笔和黑表笔分别与待测二极管的正极和负极相连，显示的读数为二极管正向压降值。

进行短路测试时，表笔插孔和量程选择开关的位置不变，将表笔连接到待测电路两端，若短路，则内置蜂鸣器发出声音。

二、钳形电流表的使用

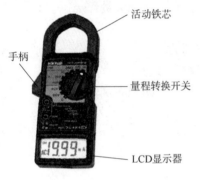

活动铁芯

手柄

量程转换开关

LCD显示器

图 1 − 3　钳形电流表

通常用普通电流表测量电流时，需要断开电路，将电流表接入进行测量，有时正常运行的电动机不允许这样做。此时，使用钳形电流表就方便多了，可以在不切断电路的情况下测量电流。钳形电流表是一种用于测量正在运行的电气线路电流大小的仪表。DLC400 A 型钳形电流表的外形如图 1 − 3 所示。

1. 钳形电流表的组成

钳形电流表主要由电流互感器、整流电路、磁电系电流表、量程转换开关及测量电路组成。其互感器的铁芯制成活动开口，且呈钳形，活动部分与手柄相连。使用时按动手柄使活动铁芯张开，将被测载流导线放入钳口中，然后松开手柄使铁芯闭合。此时载流导线相当于互感器的一次绕组，铁芯中的磁通在副边绕组中产生感应电流，通过整流电路后，使电流表指示出被测电流的数值。

钳形电流表可以通过转换开关的换挡改换不同的量程。钳形电流表一般准确度不高，通常为 2.5 ~ 5 级，常用于测量要求不高的场合。

2. 测量前的注意事项

（1）根据被测电流的种类和电压等级正确选择钳形电流表，被测线路的电压要低于钳形电流表的额定电压。

（2）使用前应检查钳形电流表的绝缘性能是否良好，外壳应无破损，手柄应清洁干燥。

（3）测量前要机械调零。

（4）测高压线路的电流时，要戴绝缘手套，穿绝缘鞋，站在绝缘垫上，不得触及其他设备，以防短路或接地。

（5）由于钳形电流表要接触被测线路，所以不能测量裸导线的电流。

3. 钳形电流表的使用

（1）选择合适的量程，若无法估计，为防止损坏钳形电流表，应从最大量程开始测量，逐步变换挡位直至量程合适。改变量程时应将钳形电流表的钳口断开，不允许带电进行操作。

（2）测量时，应使被测导线处在钳口的中央，并使钳口闭合紧密，以减少测量误差。钳口的结合面如有杂声，应重新开合一次。

（3）当使用最小量程测量，且其读数还不明显时，可将被测导线绕几匝，匝数要以钳口中央的匝数为准，则实际测量值=读数/匝数，如图1-4所示。

（4）测量时，只能钳住一根导线进行测量，不能同时钳住几根导线测量。

（5）测量完毕，要将转换开关放在最大量程处。

图1-4　测量小电流的操作

三、兆欧表的使用

通电线路必须有良好的绝缘，才能保证设备正常运行和人体不致接触带电部分而触电。兆欧表又称摇表，是用来检查线路、电机和电器绝缘情况以及测量高阻值电阻的仪表，它的计量单位是兆欧（MΩ）。

图1-5　兆欧表

1. 兆欧表的基本结构

兆欧表由一个手摇发电机、表头及三个接线柱（L（线路端）、E（接地端）、G（屏蔽端））组成。兆欧表外形如图1-5所示。

2. 兆欧表的使用方法

（1）选表。根据被测电气设备的额定电压来选择符合要求的兆欧表。通常测量额定电压在500 V以下的设备时，选用500 V或1 000 V的兆欧表；测量额定电压在500 V以上的设备，应选用1 000 V或2 500 V的兆欧表；对于绝缘子、母线等要选用2500 V或3 000 V的兆欧表。

（2）验表。测量前，应将兆欧表水平平稳放置，将E、L两端开路，左手按住表身，右手由慢到快摇动兆欧表摇柄，至转速为120 r/min，指针应指向"∞"；然后将E、L两端短接，摇动手柄，指针应指向"0"处；否则说明兆欧表有故障，不能使用。

（3）测量前，应切断被测电气设备的电源，并对大容量电容设备进行放电，以保证人身与兆欧表的安全以及测量结果的准确。

（4）测量时必须正确接线。测量线路对地的绝缘电阻时，L与线路的裸露导体连接，E接地线或金属外壳；测量电机或设备的绝缘电阻时，L接被测绕组的一端，E接电机或设备外壳；测量电机或变压器绕组间绝缘电阻时，先拆除绕组间的连接线，将E、L分别接在被测两相绕组上；测量电缆绝缘电阻时，E接电缆外表皮（铅套），L接线芯，G接芯线最外面的屏蔽层。

（5）兆欧表接线柱引出的测量软线绝缘应良好，两根导线之间及导线与地之间应保持适当距离，以免影响测量精度。

（6）摇动兆欧表时，不能用手接触兆欧表的接线柱和被测回路，以防触电；各接线柱之间不能短接，以免损坏。

（7）保持手柄的转速均匀、稳定，1分钟后，待指针稳定即可边摇动手柄边读数，不能停下来读数。

（8）测量完毕，待兆欧表停止转动和被测设备接地放电后方能拆除连接导线。

（9）测量过程中，如果指针指向"0"位，表示被测设备短路，应立即停止转动手柄。

四、电阻元件的识别

电子在导体内做定向运动时会遇到阻力，导体对电流的阻碍作用叫该导体的电阻。具有一定电阻数值的元件称为电阻器，简称为电阻。电阻的主要物理特征是变电能为热能，是耗能元件。

电阻是所有电子电路中使用最多的元件。在电路中多用来分压、分流、保护、滤波（与电容组合）、阻抗匹配等。银、铜、铝等材料的电阻率较小，银较贵，常用作镀银线；而铜和铝价格便宜，普遍用作导线。康铜、镍铬等合金的电阻率较大，常用作电热器及电阻器的电阻丝。

1. 电阻的外形特征

电阻只有两个引线，不分正负极。一般电阻的两个引线沿轴线方向伸出，与电阻体平行（轴向式），少数电阻的引线与电阻体表面垂直（径向式）。常用电阻如图1-6和图1-7所示。

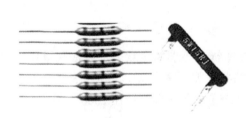

图1-6　碳膜轴向电阻和金属膜径向电阻　　　　图1-7　线绕电阻与贴片电阻（排）

2. 常用电阻的分类及特点

电阻按电路功能及工作性能可分为固定电阻、可调电阻、敏感电阻；按制造材料可分为碳膜电阻、金属膜电阻、线绕电阻等；按安装方式可分为插件电阻和贴片电阻；按用途可分为通用型电阻和精密型电阻；按伏安特性可分为线性电阻和非线性电阻。

1）固定电阻

阻值大小不能调整的电阻称为固定电阻。常见的固定电阻有以下几种。

（1）线绕电阻（RX）。用康铜或锰铜丝绕在绝缘骨架上，表面涂以保护漆或玻璃釉制成。线绕电阻阻值精确、功率范围大、耐高温、噪声小，适于在低频、高温、大功率等场合使用。但其体积大、分布电感大、高频特性差，不适于高频工作。

（2）精密合金箔电阻（RJ）。在玻璃基片上粘贴合金箔，用光刻法腐蚀出一定图形，并涂覆环氧树脂保护层，装上引线并封装后制成。精密合金箔电阻具有自动补偿电阻温度系数的功能，可在较宽的温度范围内保持极小的温度系数，具有高精度、高稳定性、高频高速响应的特点，适用范围广。

（3）碳膜电阻（RT）。将碳氢化合物在真空中高温蒸发分解，在陶瓷骨架表面沉积成碳结晶导电膜制成。碳膜电阻外表为淡绿色或橙色，其价格低廉、稳定性好、噪声低，适用于高频电路，在电子产品中应用广泛。

（4）金属膜电阻（RJ）。真空条件下，在陶瓷表面蒸发沉积一层金属或合金膜制成。金属膜电阻外表为红色，其工作环境温度范围广（ −55 ℃～125 ℃）、温度系数小、噪声低、体积小，广泛用于稳定性和可靠性要求较高的电路中。金属膜电阻各方面的性能均优于碳膜电阻，其缺点是价格较贵。

（5）金属氧化膜电阻（RY）。高温条件下，在瓷体上以化学反应形式生成以二氧化锡为主体的金属氧化层。金属氧化膜电阻有极好的高频和过负荷能力，坚硬、耐磨，化学稳定性好。但阻值范围窄，温度系数比金属电阻大。

（6）电阻排。在一块基片上制成多个参数一致的电阻，连接成电阻网络，也叫集成电阻。其特点是适用于需要多个阻值相同、精度高、温度系数小的电阻的场合，如计算机检测系统中的多路 A/D、D/A 转换电路。

2）可调电阻（电位器）

电位器实际上是一个阻值可变的电阻器，通过滑动端在两个固定端之间的电阻体上滑动达到调节阻值的目的。

电位器的种类比较多，各种具体电位器的外形是不同的，使用最多的是碳膜电位器，几种常见的电位器如图 1 - 8 所示。阻值的改变通过转柄、操纵柄或旋转轴来实现。

调整电位器的滑动端，其电阻值会按照一定规律变化，常见电位器的阻值变化规律有线性、指数和对数几种。

图 1 - 8　合成碳膜电位器

3）敏感电阻

敏感电阻即半导体电阻，根据不同材料和制作工艺可以对温度、光照、湿度、压力、磁通等非电物理量起敏感作用，制成热敏、光敏、压敏、湿敏、磁敏等敏感电阻，广泛用于检测和自动控制等技术领域。

3. 电阻的型号命名方法

根据国家标准《电子设备用电阻器、电容器型号命名方法》（GB 2470—81）的规定，电阻的型号由五部分构成，如图 1 - 9 所示。其中第五部分是区别代号，当元器件的主称、材料相同，仅尺寸、性能指标有区别，如电阻径向或轴向结构，或电位器轴的长度不一样时，用大写字母来加以区别。

电阻的材料、分类代号及其意义见表 1 - 1。

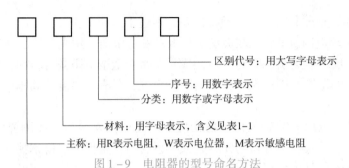

图1-9　电阻器的型号命名方法

表1-1　电阻器的材料、分类代号及其意义

材　　料		分　　　类				
字母代号	意　义	数字代号	意　义		字母代号	意　义	
			电阻器	电位器		电阻器	电位器
T	碳　膜	1	普通	普通	G	高功率	—
H	合成膜	2	普通	普通	T	可　调	—
S	有机实芯	3	超高频	—	W	—	微　调
N	无机实芯	4	高阻	—	D	—	多　圈
J	金属膜	5	高温	—			
Y	氧化膜	6	—	—	说明：新型产品的分类根据发展情况予以补充		
C	沉积膜	7	精密	精密			
I	玻璃釉膜	8	高压	特殊			
X	线　绕	9	特殊	特殊			

4. 电阻器的主要技术指标

1）标称阻值

标在电阻元件上的阻值大小叫标称阻值。一组有序排列的标称值叫做标称值系列。

阻值是电阻的主要参数之一，不同精度的电阻，其阻值系列不同。我国普通电阻的标称值系列有E6、E12和E24，特性标称数值为两位有效数字，如表1-2所示。精密电阻的标称阻值系列有E48、E96、E192，特性标称数值一般为三位或四位有效数字。电阻元件的标称值为标称系列值乘以10^n，n为正整数或负整数。如E24中的特性标称数值3.6的含义为$3.6×10^n$ Ω（$n=0$，1，2，3，4，…），表示电阻值为3.6 Ω、36 Ω、360 Ω、3.6 kΩ、36 kΩ、360 kΩ、3.6 MΩ、…的一个系列。

表1-2　元件特性数值标称系列

系列	标志	允许误差	特 性 标 称 数 值
E24	J（Ⅰ）	±5	1.0、1.1、1.2、1.3、1.5、1.6、1.8、2.0、2.2、2.4、2.7、3.0、3.3、3.6、3.9、4.3、4.7、5.1、5.6、6.2、6.8、7.5、8.2、9.1
E12	K（Ⅱ）	±10	1.0、1.2、1.5、1.8、2.2、2.7、3.3、3.9、4.7、5.6、6.8、8.2
E6	M（Ⅲ）	±20	1.0、1.5、2.2、3.3、4.7、6.8

2）允许误差和精度等级

电阻元件按标准系列生产，有一个标称阻值。实际生产出来的元器件，其阻值不可能和标称值完全一样，总会有一定的偏差。电阻的实际阻值相对标称阻值的最大允许偏差范围称为电阻的允许误差，它反映了产品的精度等级。常用电阻的允许误差有±5%、±10%、±20%，分别用字母J、K、M或Ⅰ、Ⅱ、Ⅲ标志它们的精度等级。精密电阻的允许误差有±2%、±1%、±0.5%等，分别用G、F、D等标志精度，如表1-3所示。

表1-3　电阻的精度等级符号

±、%	0.001	0.002	0.005	0.01	0.02	0.05	0.1	0.2	0.5	1	2	5	10	20
符号	E	X	Y	H	U	W	B	C	D	F	G	J	K	M

3）额定功率

电阻在正常大气压及额定温度下，长期连续工作并能满足规定的性能要求时，所允许耗散的最大功率，叫做电阻的额定功率。电阻的额定功率系列值如表1-4所示。

表1-4　电阻器额定功率系列（W）

线绕电阻器额定功率系列	0.05；0.125；0.25；0.5；1；2；4；8；10；16；25；40；50；75；100；150；250；500
非线绕电阻器额定功率系列	0.05；0.125；0.25；0.5；1；2；5；10；25；50；100

小功率电阻器的标注如图1-10所示。

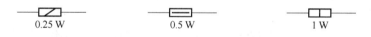

0.25 W　　　　　0.5 W　　　　　1 W

图1-10　小功率电阻器的标注

5. 电阻的标志识别

电阻的标称阻值和允许误差在生产时，一般都采用一定的方法标注在电阻体上。常用的标注方法有直标法、文字符号法和色环标志法。

（1）直标法。

直标法就是在产品表面直接印刷元器件的主要参数，简单直观，适用于体积较大的元件，如图1-11所示。若没有标注允许误差，则表示允许误差为±20%。

（2）文字符号法。

文字符号法是将元件的主要参数用文字和数字有规律地组合标志在产品表面上的方法。

可将电阻值的整数部分写在单位标志符号的前面，小数部分写在单位标志符号的后面，后续字母表示允许误差，如图1-12所示。3R9等同于3Ω9，表示电阻值为3.9Ω。

还可采用三位整数标志电阻的标称值，后面省略标注单位。前两位数字表示电阻值的有效数字，第三位数字表示倍率，其基本标志单位为Ω。例如，100并不表示电阻值为100Ω，而是表示电阻值为$10 \times 10^0 \ \Omega = 10 \ \Omega$；223表示电阻值为$22 \times 10^3 \ \Omega = 22 \ k\Omega$。

5.1 kΩ ±5%	5K1K	3R9M
电阻值5.1 kΩ	电阻值5.1 kΩ	电阻值3.9 Ω
允许误差 ± 5%	允许误差为 ± 10%	允许误差为 ± 20%

图 1 – 11　直标法　　　　　　　　　　图 1 – 12　文字符号法标注

（3）色环标志法。

色环标志法是采用各种不同颜色的环来表示电阻的阻值和允许误差的方法。常用电子线路中使用的电阻绝大多数是色环电阻。国际统一的色码识别规定如表 1 – 5 所示。

表 1 – 5　色码识别定义

颜色	黑	棕	红	橙	黄	绿	蓝	紫	灰	白	金	银	无
有效数字	0	1	2	3	4	5	6	7	8	9	—	—	—
倍率	10^0	10^1	10^2	10^3	10^4	10^5	10^6	10^7	10^8	10^9	10^{-1}	10^{-2}	—
允许误差（ ± %）	—	1	2	—	—	0.5	0.25	0.1	—	—	5	10	20

色环电阻的基本标志单位为 Ω。普通电阻用四环表示其阻值和允许误差。第一、二环表示有效数字，第三环表示倍率，第四环表示允许误差。例如，红、红、红、银四环表示的阻值为 $22 \times 10^2\ \Omega = 2\ 200\ \Omega$，允许误差为 ±10%；绿、蓝、金、金四环表示的阻值为 $56 \times 10^{-1}\ \Omega = 5.6\ \Omega$，允许误差为 ±5%。当允许误差为 ±20% 时，第四环省略，四环电阻成为三环电阻。

精密电阻采用五环标志，前三环表示有效数字，第四环表示倍率，与前四环距离较大的第五环表示允许误差。例如，棕、黑、绿、棕、棕五环表示阻值为 $105 \times 10^1\ \Omega = 1\ 050\ \Omega = 1.05\ \text{kΩ}$，允许误差为 ±1%。

6. 电阻器和电位器的正确选用

选用电阻器时，主要考虑以下因素。

（1）根据电路要求选择合适类型的电阻。对于一般电子线路，可选用普通碳膜电阻；对于高品质的电视机等，应选用较好的碳膜电阻、金属膜电阻；对于仪器、仪表电路，应选用精密电阻；对于工作频率低、功率大且对耐热性能要求较高的电路，可选用线绕电阻。

（2）根据性价比选择合适精度的电阻，只要能满足电路要求即可。除精度要求较高的仪器仪表电路、测量电路外，一般电子线路中所用电阻的精度等级选用 J、K、M 级即可。阻值应按标称系列选取。如所需的阻值不在标称系列中，可选用最为接近的标称值，或采用电阻器的串并联来代替。

（3）额定功率的选取应留有余量。为了保证电阻长期使用不会损坏，通常要求所选用电阻的额定功率高于实际消耗功率的两倍以上。

（4）根据结构方式选用电阻。电阻的引线有径向式和轴向式，应考虑安装方便，选择合适引线方式的电阻。

选用电位器时，主要考虑以下因素。

（1）根据电路要求选择合适类型的电位器。对普通电子仪器，采用碳膜或合成实芯电位器；对大功率、高温的情况，选用线绕、金属玻璃釉电位器；有高精度要求时，选用线绕、精密合成碳膜电位器；有高分辨率要求时，选用多圈式微调电位器；调节后不再变动，选用锁紧式电位器；精密、微量调节时，选用微调电位器；几个电路同步调节时，选用多联电位器。

（2）根据应用场合选择阻值变化规律。要求电压均匀变化、进行分压控制时，选用直线式电位器；用于音量控制时，选用指数式电位器；用于音调控制时，选用对数式电位器。

7. 电阻器、电位器的质量判别方法

1）外观检查

对电阻器，检查引线有无折断、松动或表面漆皮是否脱落及外壳是否烧焦。

对于电位器，检查引线是否松动，接触是否良好，转动转轴时应感觉平滑，不应有过松或过紧等情况。

2）阻值测量

对电阻器，用万用表电阻挡测量阻值，阻值应在允许的误差范围内。如超出误差范围或阻值不稳定，则电阻的质量较差；在测量时，可用手轻摇引线，如有松动，指针指示值将会不稳定。

对电位器，先用万用表电阻挡测量两个固定引脚间的电阻，并与标称值进行比较。如果万用表指针不动，表明电位器已坏，如指示值偏离标称值很多，说明电位器质量较差。再测滑动端与固定引脚间的阻值变化情况。均匀转动转轴，如万用表指示的阻值从零到标称值附近连续变化，说明电位器质量较好；如阻值不连续，出现表针跳动现象，则说明电位器接触不良。

能力训练

常用电工仪表的使用

一、仪器设备

①通用电工实训工作台：一台。

②万用表、钳形电流表、兆欧表：各一块。

③连接导线：若干。

④100 Ω、1 kΩ、47 kΩ、150 kΩ 电阻：各一个。

⑤四环和五环色环电阻：各三个。

⑥小型三相异步电动机：一台。

⑦电工常用工具：一套。

二、能力训练内容及步骤

（1）用万用表测量交流电压。选择交流电压合适挡位，测量实训台上三相交流电源输出端的电压，将数据填入表1-6中。

表 1-6　交流电压测量数据

项　目	U_{UN}	V_{VN}	W_{WN}
电压/V			

（2）用万用表测量直流电压。调节直流稳压电源输出旋钮，分别输出 15 V、10 V、3 V 直流电压，选择万用表直流电压合适挡位进行测量，测量结果填入表 1-7 中。

表 1-7　直流电压测量数据

电源电压	直流 15 V	直流 10 V	直流 3 V
测量值/V			

（3）用万用表测量直流电流。调节直流稳压电源输出电压为 3 V，把 100 Ω、1 kΩ、47 kΩ、150 kΩ 电阻分别接到 3 V 直流电源上，选择直流电流合适挡位，测量通过各电阻的电流，将测量结果填入表 1-8 中。

表 1-8　直流电流测量数据

3 V 直流电源所接电阻	100 Ω	1 kΩ	47 kΩ	150 kΩ
电流测量值/A				

（4）用钳形电流表测量三相异步电动机空载运行时的电流。在教师指导下将该三相异步电动机绕组接成 Y 形，接通三相电源，用钳形电流表测量各线电流，将测量结果填入表 1-9 中。

（5）用兆欧表分别测量三相异步电动机相间及各相的绝缘电阻。把三相异步电动机接线盒打开，拆除各相绕组连接片，用兆欧表分别测量电动机三相绕组 U、V、W 之间的绝缘电阻和 U、V、W 绕组对电动机外壳的绝缘电阻，将测量结果填入表 1-9 中。

表 1-9　兆欧表、钳形电流表测量数据

测量仪表	测量内容	测量结果
钳形电流表	L_1 线电流	
	L_2 线电流	
	L_3 线电流	
兆欧表	U—V 相间绝缘电阻	
	V—W 相间绝缘电阻	
	W—U 相间绝缘电阻	
	U 相 - 外壳间绝缘电阻	
	V 相 - 外壳间绝缘电阻	
	W 相 - 外壳间绝缘电阻	

（6）色环电阻的标志识别与质量判断。仔细识别各色环电阻的颜色，将色环颜色及其表示的标称阻值和允许误差填入表 1-10 中；检查电阻引线和外观，用万用表测量各电阻的实际阻值，将测量结果填入表 1-10 中。

表 1 - 10 色环电阻的识读及实际阻值的测量数据

序号	色环颜色	标称阻值	测量阻值	允许误差	实际误差	电阻质量
1						
2						
3						
4						
5						
6						

课外阅读

欧姆定律是如何得出的?

乔治·西蒙·欧姆（Georg Simon Ohm，1787 年 3 月 16 日至 1854 年 7 月 6 日），德国物理学家，欧姆发现了电阻中电流与电压的正比关系，即著名的欧姆定律。

人物简介

乔治·西蒙·欧姆生于德国埃尔朗根城，父亲自学了数学和物理方面的知识，并教给少年时期的欧姆，唤起了欧姆对科学的兴趣。1854 年欧姆与世长辞。英国科学促进会为了纪念他，决定用欧姆的名字作为电阻单位的名称。

主要成就

欧姆 16 岁时进入埃尔朗根大学研究数学、物理与哲学。他对导线中的电流进行了研究，首先他从傅里叶发现的热传导规律受到启发，导热杆中两点间的热流正比于这两点间的温度差。欧姆认为，电流现象与此相似，猜想导线中两点之间的电流也许正比于它们之间的某种驱动力，即电动势。后来他把奥斯特关于电流磁效应的发现和库仑扭秤结合起来，巧妙地设计了一个电流扭秤，用一根扭丝悬挂一磁针，让通电导线和磁针都沿子午线方向平行放置；再用铋和铜温差电池，一端浸在沸水中，另一端浸在碎冰中，并用两个水银槽作电极，与铜线相连。当导线中通过电流时，磁针的偏转角与导线中的电流成正比。经过多次实验，终于在 1827 年提出了一个关系式，即

$$X = \frac{a}{(b+x)}$$

式中：X 为电流强度；a 为电动势（高中物理中学到）；$b+x$ 为电阻；b 为电源内部的电阻；x 为外部电路的电阻。这就是欧姆定律，它在电学史上具有里程碑意义。

任务测试

（1）用模拟式万用表测量直流电压，如果被测电压的大小未知，则万用表量程应（   ）。

项目一 任务一
习题答案

A. 先选用最小量程　　　B. 无限制，任意选　　　C. 先选用最大量程

（2）用数字式万用表测量直流电流，将黑表笔插入"COM"插孔，当被测电流为 380 mA 时，则红表笔应（　　　）。

A. 插入"mA"插孔　　　B. 插入"10 A"插孔　　　C. 无限制，任意选

（3）某个色环电阻的四环是橙、橙、红、金，色环表示的含义是（　　　）。

A. 阻值为 3 300 Ω，允许误差为 ±10%

B. 阻值为 4 400 Ω，允许误差为 ±5%

C. 阻值为 3 300 Ω，允许误差为 ±5%

（4）用钳形电流表测量电流时，可以测量（　　　）。

A. 一根低压裸导线的电流

B. 一根低压通电导线的电流

C. 几根低压通电导线的电流

（5）用兆欧表测量电机或设备的绝缘电阻时，应该按照（　　　）进行连接。

A. L 接被测绕组的一端，E 接电机或设备外壳

B. L 接被测绕组的一端，E 接地

C. G 接被测绕组的一端，E 接电机或设备外壳

（6）我国普通电阻的标称值有 E6、E12 和 E24 系列，其特性标称数值（　　　）。

A. E12 包含 E6 和 E24　　　B. E24 包含 E12，E12 包含 E6　　　C. E6 包含 E12

（7）使用万用表测量直流电压之前，如果指针未指在交直流标尺的零刻度线上，应进行（　　　）。

A. 机械调零　　　　　　B. 电气调零　　　　　　C. 机械调零和电气调零都要进行

（8）使用兆欧表进行测量前要先验表。即将兆欧表水平平稳放置，将 E、L 两端开路，左手按住表身，右手由慢到快摇动兆欧表摇柄，至转速为（　　　），指针应指向"∞"；然后将 E、L 两端短接，摇动手柄，指针应指向"0"处；否则说明兆欧表有故障，不能使用。

A. 180 r/min　　　　　　B. 120 r/min　　　　　　C. 160 r/min

（9）某万用表使用前，仪表式指针指在交直流标尺的零刻度线上，现要测量电阻的大小，应先进行（　　　）。

A. 机械调零　　　　　　B. 电气调零　　　　　　C. 机械调零和电气调零

（10）现用万用表分别测量三个阻值分别为 510 Ω、1.5 kΩ、470 kΩ 电阻的大小，每换一次量程，欧姆挡的零点（　　　）。

A. 都需要重新调整一次　　B. 无须调整　　　　　　C. 被测阻值大就要调整

任务二　摩托车转向灯电路的装接与测试

任务目标

知识目标

① 能理解电路模型的概念；

②能理解参考方向的概念；

③能掌握电路的基本物理量；

④能掌握基尔霍夫定律和欧姆定律；

⑤能理解电压源与电流源的基本特性。

技能目标

①会识读与绘制基本电路图；

②会运用欧姆定律进行电流、电压和电阻的计算；

③会运用基尔霍夫定律进行电路电流、电位、电压的计算；

④会使用电工仪表进行电路电压、电流和电阻的测量。

任务描述

通过单电源电路的连接与测试，进一步熟悉电流表、电压表和万用表的使用，掌握电路中电压、电位、电流的测试方法以及参考方向的概念。

任务分析

熟练进行单电源电路的连接，借助常用电工仪表测量电压、电流。掌握常用电工仪表和电路测试的操作规范，通过实际操作加深对欧姆定律和基尔霍夫定律的理解。

任务学习

一、电路与电路模型

1. 电路

电路是由电气器件和连接导线按一定方式连接而成的电流通路。电路具有传输电能、分配电能、信号传递和信号处理等功能。

电路由电源、负载和中间环节三部分组成。其中，电源是提供电能的装置，把非电能转换成电能，如干电池、发电机等；负载是消耗电能的装置，把电能转化成其他形式的能量，如电灯、电饭锅、电动机等；而中间环节用来连接电源和负载，起传递和控制电能的作用。

2. 电路模型

实际电路元件的性能都与电路中发生的电磁现象及过程有关，具体应用中，有的元件消耗电能，如电阻、电灯、电水壶、电热毯等，有的元件供给电能，如发电机和电池，这些体现出来的是元件的主要性质。此外，元件还有次要性质。如电阻有电流通过时会产生磁场，因而兼有电感的性质；而由金属导线绕制的电感线圈，又具有一定的电阻，兼有电阻的性质。分析电路时，为方便起见，用表示实际电路元件主要物理性质的模型来代替实际电路元件，称为理想电路元件。理想电路元件是在一定条件下能够准确地反映实际电路元件电磁性能的模型。

电路模型是把实际电路的本质抽象出来所构成的理想化电路，又称为电路原理图（简称电路图）。手电筒电路及其对应的电路模型如图 1 – 13 所示。实际的手电筒电路中的干电池、小灯泡、开关和连接导体在电路模型中分别用电压源 U_S、电阻 R、开关 S 和连接导线来代替。

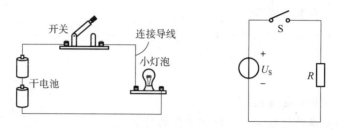

图 1 - 13 手电筒实际电路与电路模型示意图

3. 电路图的基本结构

电路图的基本结构包括以下几部分。

(1) 支路。由一个或几个元件组成的无分支电路，流过相同的电流。

(2) 节点。三条或三条以上支路的连接点。

(3) 回路。由一条或几条支路组成的闭合路径。

(4) 网孔。内部不含任何支路，不能再分割的基本回路。

(5) 串联。元件依次连接组成的无分支连接方式，串联的各元件通过相同的电流。

(6) 并联。元件或支路的两端接在同一对节点上的连接方式，并联在两节点之间的各部分具有相同的端电压。

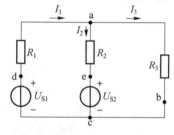

图 1 - 14 电路图的基本结构

在图 1 - 14 中，有两个节点 a 和 c；有三条支路 adc、aec 和 abc，这三条支路并联在同一对节点 a 和 c 之间，adc 和 aec 支路均由电阻和电源串联构成，称为有源支路，abc 支路不含电源，称为无源支路；有三条回路（abcda、abcea 和 aecda）和两个网孔（abcea 和 aecda）。

根据以上分析可知，在电路构成中，网孔一定是回路，但回路不一定是网孔。同一电路中，回路通常多于网孔。

二、电路的基本物理量

1. 电流及其参考方向

1）电流的概念

电荷的定向运动形成电流，电流的大小称为电流强度，是指单位时间内通过导体横截面的电荷量，即

$$i = \frac{\mathrm{d}q}{\mathrm{d}t} \qquad (1-1)$$

如果电流的大小和方向均不随时间变化，称为直流电流（DC）。用 I 表示，即

$$I = \frac{q}{t} \qquad (1-2)$$

如果电流的大小和方向都随时间变化，则称为交流电流（AC），用 i 表示。

在国际单位制（SI）中，电荷量的单位是库仑（C），时间的单位为秒（s），电流的单位为安培（A）。电流的常用单位有毫安（mA）、微安（μA），换算关系为 $1\ \mathrm{A} = 10^3\ \mathrm{mA} = 10^6\ \mathrm{\mu A}$。

电流一词不仅代表一种物理现象，同时也代表一个物理量。例如，在图 1-13 中，当开关闭合时，如果该电路电流为 0.1 A，则说明电路中有电流通过小灯泡（物理现象），而且电流的大小为 0.1 A（物理量）。

2）电流的参考方向

电流不但有大小，而且有方向。电流的实际方向规定为正电荷运动的方向。但在分析复杂电路时，电流的实际方向常常无法确定，为此引入了参考方向的概念。电流的参考方向是人为规定的电流方向，在电路中用箭头或双下标表示，如图 1-15（a）所示。

当电流的参考方向与实际方向相同时，$I > 0$；反之，当电流的参考方向与实际方向相反时，$I < 0$，如图 1-15（b）和（c）所示。

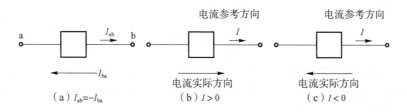

图 1-15　电流参考方向的表示方法及电流参考方向与实际方向的相互关系

2. 电压、电位、电动势及其相互关系

1）电压的概念

电路中 a、b 两点间的电压等于单位正电荷从 a 点移动到 b 点时，电场力所做的功。用 u_{ab} 表示，即

$$u_{ab} = \frac{\mathrm{d}W_{ab}}{\mathrm{d}q} \tag{1-3}$$

大小和方向都不随时间变化的电压称为直流电压，用 U 表示。

$$U_{ab} = \frac{W_{ab}}{q} \tag{1-4}$$

大小和方向随时间按一定规律变化的电压称为交流电压，用 u 表示。

在国际单位制（SI）中，功的单位是焦耳（J），电压的单位为伏特（V）。电压的常用单位有毫伏（mV）、微伏（μV），大电压有千伏（kV），换算关系为 $1 \text{kV} = 10^3 \text{ V}$；$1 \text{ V} = 10^3 \text{ mV} = 10^6 \text{μV}$。

2）电压的参考方向

同样，电压不但有大小，而且有方向。电压的实际方向规定为电位降低的方向，即从高电位指向低电位。为分析问题方便，电压也用参考方向表示。分析电路时，任意规定一个方向为电压参考方向，用箭头、双下标或"＋""－"表示。当电压的参考方向与实际方向相同时，$U > 0$；反之，当电压的参考方向与实际方向相反时，$U < 0$。

在分析电路时，电流与电压的参考方向可以各自独立地任意设定，但在实际应用中，为了分析问题方便，通常采用关联参考方向，即选择电流与电压的参考方向一致，如图 1-16 所示。

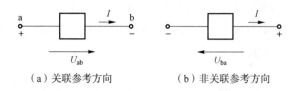

（a）关联参考方向　　　　　　（b）非关联参考方向

图 1 – 16　电压、电流的参考方向

3）电位

在电路中任意选择一点 o 作为电位参考点，将单位正电荷自电场中某一点 a 移动到 o 点时，电场力做功的大小称为 a 点的电位，用 V_a 表示。电位参考点又称为零电位点。电位的单位与电压相同。

在电路中，任意两点 a、b 之间的电压，就是这两点的电位之差，即

$$U_{ab} = V_a - V_b \tag{1-5}$$

一个电路只能选择一个电位参考点，参考点一经选定，电路中其他各点的电位也就确定了。对同一电路，如所选择的参考点不同，同一点的电位也不相同，但任意两点间的电位差（电压）是恒定的。

[**例 1 – 1**]　如图 1 – 17 所示，已知 $U_{ac} = 5$ V，$U_{cb} = 3$ V，分别选取 b 点和 c 点为电位参考点，求 a 点电位 V_a。

解：（1）选取 b 点为电位参考点时，$V_b = 0$

$V_a = U_{ab} = U_{ac} + U_{cb} = 5$ V $+ 3$ V $= 8$ V

（2）选取 c 点为电位参考点时，$V_c = 0$

$V_a = U_{ac} = 5$ V

4）电动势

电动势是表示电源将其他形式的能量转化为电能的能力特征的物理量。电动势等于电源力将单位正电荷从电源的负极，经电源内部移送到正极时所做的功，常用符号 e 或 E 表示。电动势的单位为伏特（V）。

$$e = \frac{dWs}{dq} \tag{1-6}$$

e 表示大小和方向随时间变化的电动势，E 表示大小与方向都恒定的直流电源的电动势。电动势的方向规定为从电源的负极经过电源内部指向电源的正极，即与电源电压的实际方向相反，电动势的大小与电源电压相等，如图 1 – 18 所示。

图 1 – 17　例 1 – 1 电路　　　　　　　图 1 – 18　电动势与电源电压的关系

3. 电功率和电能

1）电功率

单位时间内电场所做的功就是电功率，简称功率。用符号 P 或 p 表示，即

$$p = \frac{\mathrm{d}W}{\mathrm{d}t} = u\frac{\mathrm{d}q}{\mathrm{d}t} = ui \tag{1-7}$$

在直流电路中，有

$$P = UI \tag{1-8}$$

在 SI 单位制中，功率的单位为瓦特（W）。常用的单位有千瓦（kW），毫瓦（mW）等。

如图 1-16 所示，在电流、电压取关联参考方向时，$P = UI$；在电流、电压取非关联参考方向时，$P = -UI$。在关联参考方向下，如果 $P > 0$，表示该元件吸收（消耗）功率；如果 $P < 0$，表示该元件产生（提供）功率。

根据能量守恒定律，对任意电路，电路提供的功率之和一定等于电路各部分消耗的功率之和，整个电路的功率保持平衡。

2）电能

电能表示在一段时间内电场力所做的功，用符号 W 表示。从 0 到 t 时间内，电路消耗的电能为

$$W = \int_0^t p\mathrm{d}t \tag{1-9}$$

直流电路消耗的电能为

$$W = Pt = UIt \tag{1-10}$$

电能的 SI 单位为焦耳（J），表示功率为 1 W 的用电设备在 1 s 内消耗的电能。实用单位为"度"（kW·h）。1 度电 = 1 kW·h = 3.6×10^6 J。

三、电路基本定律

1. 欧姆定律

德国物理学家欧姆最先用实验研究了电流与电压、电阻的关系。得出结论：导体中的电流与它两端的电压成正比，与它的电阻成反比，这就是欧姆定律。

用 I 表示通过导体的电流、U 表示导体两端的电压、R 表示导体的电阻，在关联参考方向下，电阻的端电压与电流的相互关系可表示为

$$I = \frac{U}{R} \tag{1-11}$$

电阻的伏安特性满足线性关系的为线性电阻，其阻值由材质和几何尺寸决定，不随端电压的变化而变化。本书所讨论的均为线性电阻电路。

电阻的倒数叫电导，用 G 表示。在 SI 中，电导的单位是西门子（S），用电导表征电阻时，欧姆定律可写成

$$I = GU \tag{1-12}$$

在非关联参考方向下，欧姆定律可表示为 $U = -IR$ 或 $I = -GU$。

［例 1-2］ 电路如图 1-19 所示，求电阻 R 的大小。

解：图 1-19（a）所示电压与电流参考方向一致，$U = IR$，故 $R = U/I = 10\ \mathrm{V}/2\ \mathrm{A} = 5\ \Omega$

图 1 - 19（b）所示电压与电流参考方向一致，$U = IR$，故 $R = U/I = -10$ V/（-2 A）= 5 Ω

图 1 - 19（c）所示电压与电流参考方向不一致，$U = -RI$，故 $R = -U/I = -10$ V/（-2 A）= 5 Ω

图 1 - 19（d）所示电压与电流参考方向不一致，$U = -RI$，故 $R = -U/I = -$（-10 V）/2 A = 5 Ω

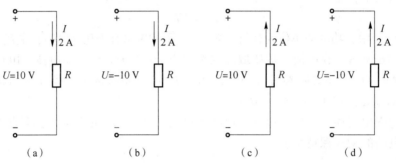

图 1 - 19　例 1 - 2 的电路

2. 基尔霍夫电流定律

基尔霍夫定律是电路中电压和电流所遵循的基本规律，是分析和计算复杂电路的基础，1845 年由德国物理学家 G. R. 基尔霍夫提出。基尔霍夫定律包括基尔霍夫电流定律（KCL）和基尔霍夫电压定律（KVL）。

KCL 是确定电路中任意节点处各支路电流之间关系的定律，因此又称为节点电流定律，即，在任意时刻，对电路中的任一节点，流入节点的电流之和等于从该节点流出的电流之和，也就是说，通过任一节点的支路电流的代数和恒等于零。对直流电路有

$$\sum I = 0 \qquad\qquad (1-13)$$

"流入" 和 "流出" 是指电流的参考方向与节点的关系，通常假设流入节点的电流为正，流出节点的电流为负。

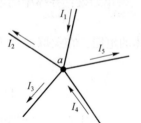

图 1 - 20　KCL 的应用

[**例 1 - 3**] 如图 1 - 20 所示，某电路中的节点 a 连接着五条支路，在图示的参考方向下，$I_1 = 3$ A，$I_2 = 5$ A，$I_3 = -18$ A，$I_5 = 9$ A，计算 I_4。

解：对节点 a，根据 KCL 定律可知

$$I_1 - I_2 - I_3 + I_4 - I_5 = 0$$

则：$I_4 = I_5 + I_2 + I_3 - I_1 = 9$ A + 5 A +（-18 A）$- 3$ A $= -7$ A

KCL 是电流连续性和电荷守恒定律在电路中的体现。在电路中任一点上，任何时刻都不会产生电荷的堆积或减少现象。

基尔霍夫定律不仅适用于电路中的节点，也可以推广到电路中任一闭合面。

3. 基尔霍夫电压定律

KVL：任一瞬间，沿任一回路绕行一周，该回路中各段电压的代数和恒为零。对直流电路有

$$\sum U = 0 \qquad\qquad (1-14)$$

在列写回路电压方程时，应对回路任意选取一个"绕行方向"，当各段电压的参考方向与回路的"绕行方向"相同时，该电压在式中取正号；否则取负号。KVL 是电位单值性和能量守恒定律在电路中的体现。KVL 定律不仅适用于电路中的具体回路，还可以推广应用于电路中任一假想的回路。

图 1-21 所示为电路的一部分，回路 fedcf 中各元件的参考方向已标出，回路的绕行方向如箭头所示，根据 KVL，有

$$u_1 + u_6 - u_5 - u_3 - u_2 = 0$$

则

$$u_5 = u_1 + u_6 - u_3 - u_2$$

路径 afcb 并未构成回路，可看成假想回路，根据回路绕行方向，列出 KVL 方程，即

$$-u_4 + u_5 - u_{ab} = 0$$

则

$$u_{ab} = u_5 - u_4 = u_1 + u_6 - u_3 - u_2 - u_4$$

由此可见，电路中 a、b 两点的电压 U_{ab} 等于以 a 为起点、b 为终点的绕行方向上的任一路径上各段电压的代数和。其中，a、b 可以是某一元件或一条支路的两端，也可以是电路中任意两点。

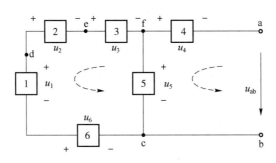

图 1-21　KVL 应用

四、电源模型

电源是向电路提供能量的设备。常见的实际电源有发电机、干电池、蓄电池和各种信号源等。理想电源是从实际电源中抽象出来的。当实际电源本身的功率损耗忽略不计，只单纯提供电能时，便可用理想电源来表示。理想电源为二端元件，分为理想电压源和理想电流源。

1. 电压源

1）理想电压源

理想电压源简称为电压源，又称恒压源，理想电压源的模型及伏安特性如图 1-22 所示。

理想电压源的特点如下。

（1）理想电压源的输出电压恒定不变，由电源自身决定，与外接电路的变化无关。

（2）理想电压源的输出电流随外接电路不同而改变。

如图 1 – 22 所示，当外电路为任意非零负载时，因为理想电压源的内阻为零，全部电源电压 U_S 都加在负载两端，此时，$U = U_S$，尽管负载变化，而外电路电压保持不变。在实际应用中，不能将 U_S 不相等的电压源并联，也不能将 $U_S \neq 0$ 的电压源短路。

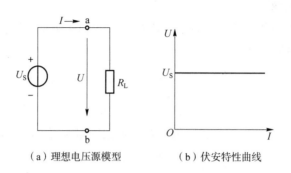

（a）理想电压源模型　　　（b）伏安特性曲线

图 1 – 22　理想电压源及其伏安特性

2）实际电压源

理想电源实际上是不存在的。实际应用中的电源都存在着功率损耗。例如，当电池接通负载后，其电压就会降低，这是因为电池内部存在电阻的缘故。实际直流电压源可用电源电压为 U_S 的理想电压源和一个内阻 R_0 相串联的模型来表示，如图 1 – 23（a）所示。

实际直流电压源的端电压为

$$U = U_S - IR_0 \qquad\qquad (1-15)$$

式（1 – 15）所描述的 U 与 I 的关系，即实际直流电压源的伏安特性，如图 1 – 23（b）所示。

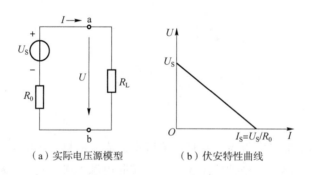

（a）实际电压源模型　　　（b）伏安特性曲线

图 1 – 23　实际电压源及其伏安特性

2. 电流源

1）理想电流源

理想电流源简称为电流源，是一个能提供恒定电流的二端元件，其特点如下。

（1）理想电流源的输出电流恒定，由电源本身确定，与外电路无关。

（2）理想电流源的输出电压随外电路的变化而变化。

直流电流源的模型及伏安特性如图 1 – 24 所示，由图可知，不论电流源的端电压如何改变，直流电流源输出电流总为 I_S。

实际应用中，不能将 I_S 不相等的电流源串联，也不能将 $I_S \neq 0$ 的电流源开路。

2）实际电流源

理想电流源是不存在的，实际的直流电流源可以用理想电流源 I_S 与内阻 R_0 相并联的模型来表示，如图 1 – 25（a）所示。

实际直流电流源的输出电流为

$$I = I_S - \frac{U}{R_0} \tag{1 - 16}$$

实际直流电流源的伏安特性如图 1 – 25（b）所示。

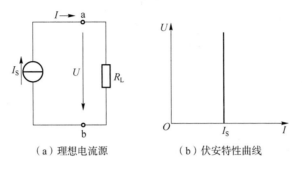

（a）理想电流源　　　　（b）伏安特性曲线

图 1 – 24　理想电流源及其伏安特性

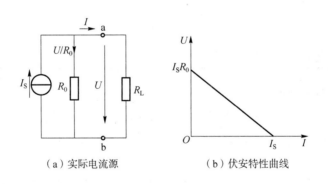

（a）实际电流源　　　　（b）伏安特性曲线

图 1 – 25　实际电流源及其伏安特性

能力训练

常用电工仪表的使用
一、仪器设备

（1）通用电工实训工作台：一台。

（2）直流电流表、直流电压表、万用表：各一块。

（3）连接导线：若干。

（4）电阻：若干。

二、能力训练内容及步骤

（1）按图 1 – 26 所示正确连接电路。直流稳压电源不允许输出端碰线短路。

（2）调节直流稳压电源，使其输出为 9 V。直流稳压电源的输出电压应以电压表测量的读数为准。

（3）将电流表串联在所测支路中，先采用点接形式，观察表针偏转方向，如反偏，需改变极性接入电路，此时读得的数值应加负号。分别测量电阻 R_1、R_2、R_3 所在支路的电流，并将结果填入表 1-11 中。

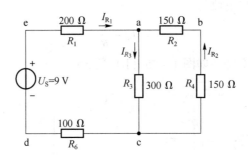

图 1-26　电流、电位、电压的测量

表 1-11　电流测量数据

	测量值
I_{R_1}/mA	
I_{R_2}/mA	
I_{R_3}/mA	
$\sum I =$	

（4）以 a 点作为电位参考点，将电压表并联在所测元件的两端，如并联在 R_2 两端，测得的 U_{ba} 即为 b 点电位 V_b，如电压表反偏，需改变极性接入电路，此时读得的数值应加负号。分别测量 b、c、d、e 各点的电位值及相邻两点之间的电压值 U_{ab}、U_{bc}、U_{cd}、U_{de} 及 U_{ea}，将数据记入表 1-12 中。

（5）以 d 点作为参考点，重复步骤（4），将测得数据记入表 1-12 中。

表 1-12　电位与电压测量数据

电位参考点	V 与 U/V	V_a	V_b	V_c	V_d	V_e	U_{ab}	U_{bc}	U_{cd}	U_{de}	U_{ea}
a	计算值										
	测量值										
	相对误差										
d	计算值										
	测量值										
	相对误差										

（6）从 0 开始缓慢增加稳压电源的输出电压至 2 V、4 V、6 V、8 V、10 V，分别测量流过电阻元件的电流值和电阻两端电压值，并将结果填入表 1-13 中。

表 1-13　电阻的端电压与电流测量数据

电阻/Ω	电源电压/V	0	2	4	6	8	10
R_1	端电压 U_{ea}/V						
	电流 I_{R_1}/mA						
	计算 U_{ea}/I_{R_1}						
R_2	端电压 U_{ab}/V						
	电流 I_{R_2}/mA						
	计算 U_{ab}/I_{R_2}						

（7）断开电源，依次测量各电阻元件的阻值和各支路电阻、等效电阻的值，并将结果填入表 1-14 中。测量并联连接的各支路电阻值时，应断开并联电路进行测量。

表 1-14　电阻的串并联测量数据

电阻	R_1	R_2	R_3	R_4	R_5	$R_2 + R_4$	R_{ac}	R_{ed}
标称值/Ω								
测量值/Ω								
相对误差								

任务测试

项目一　任务二
习题答案

（1）根据图 1-26 中电流的参考方向，分析总结如下。

①按图示参考方向接入电流表时，如指针反偏，说明电流的实际方向与参考方向_____（相同；相反），改变极性接入重新测量时，所读取的数值应加上_____（正号；负号）。

②对节点 a，流入节点的电流之和 $\sum I_入 = $_____，流出节点的电流之和 $\sum I_出 = $_____，$\sum I_入$_____$\sum I_出$。

③对节点 c，流入节点的电流之和 $\sum I_入 = $_____，流出节点的电流之和 $\sum I_出 = $_____，$\sum I_入$_____$\sum I_出$。

（2）根据图 1-26 进行电位和电压的分析与计算。

①电位参考点变化时，各点_____（电位；电压）发生变化，而任意两点间_____（电位；电压）大小不变，_____（电位；电压）的大小与电位参考点的选择无关。

②任意两点电压 U_{ab} 与 U_{ba} 之间的相互关系是：U_{ab}_____ $-U_{ba}$（＞；＝；＜）。

③回路 abca 的各部分电压分别为：$U_{ab} = $_____；$U_{bc} = $_____；$U_{ca} = $_____；回路各部分电压之和 = _____。

④回路 abcdea 的各部分电压分别为：$U_{ab} = $_____；$U_{bc} = $_____；$U_{cd} = $_____；$U_{de} = $_____；$U_{ea} = $_____；回路各部分电压之和为_____。

（3）对电阻元件而言，当阻值一定时，其端电压与电流之间成_____（线性；非线性）

对应关系，若将电阻两端的电压取为纵坐标，流过电阻的电流取为横坐标，得到的电阻伏安特性为_____（直线；曲线）。

（4）电阻串联时，流过各电阻的电流（　　）。

A. 相同　　　　　　　　B. 不相同　　　　　　　　C. 视情况而定

（5）电阻串联时，总电阻为（　　）。

A. 各电阻之和　　　　　B. 各电阻倒数之和　　　　C. 各电阻之差

（6）当电源电压一定时，电路中所串联各电阻的阻值越大，电阻的端电压_____（越大；越小），在电路中串联电阻有_____（分流；分压）作用。

（7）电阻并联时，根据 KVL，各电阻的端电压_____（相等；不相等），各电阻的端电压与电流的关系满足_____（KVL；欧姆）定律，在图 1-26 中，总电流与流过各电阻的电流关系可表示为_____；电阻并联时，总电阻与各电阻的相互关系可表示为_____。当电源电压一定时，所并联的分支电阻越小，其流过的电流越（大；小），在电路中并联电阻有_____（分流；分压）作用。

（8）测量电路中某个电阻的阻值大小时，应（　　）。

A. 在通电状态下测量　　B. 在断电状态下测量　　C. 两种情况都可以

（9）电流由元件的低电位端流向高电位端的参考方向称为关联方向。　　　（　　）

（10）电功率大的用电器，电功也一定大。　　　（　　）

（11）计算电路中得到某个电流值为负，说明它小于零。　　　（　　）

（12）电路中任意两个节点之间连接的电路统称为支路。　　　（　　）

（13）网孔都是回路，而回路则不一定是网孔。　　　（　　）

（14）应用基尔霍夫定律列写方程式时，可以不参照参考方向。　　　（　　）

（15）电压和电流计算结果为负值，说明它们的参考方向假设反了。　　　（　　）

（16）电压、电位和电动势定义式形式相同，所以它们的单位一样。　　　（　　）

课外阅读

基尔霍夫定律是如何提出的？

古斯塔夫·罗伯特·基尔霍夫（Gustav Robert Kirchhoff，1822 年 3 月 12 日至 1887 年 10 月 17 日），德国物理学家。对电路、光谱学的基本原理（两个领域中各有根据其名字命名的基尔霍夫定律）有重要贡献，1862 年创造了"黑体"一词。

人物简介

1824 年 3 月 12 日生于普鲁士的柯尼斯堡（今为俄罗斯加里宁格勒），1887 年 10 月 17 日卒于柏林。基尔霍夫在柯尼斯堡大学读物理专业，1847 年毕业后去柏林大学任教，3 年后去布雷斯劳作临时教授。1854 年由化学家本生推荐任海德堡大学教授。1875 年到柏林大学作理论物理教授，直到逝世。

主要成就

1845 年，21 岁时他发表了第一篇论文，提出了稳恒电路网络中电流、电压、电阻关系的两条电路定律，即著名的基尔霍夫电流定律（KCL）和基尔霍夫电压定律（KVL），解决了电器设计中电路方面的难题。后来又研究了电路中电的流动和分布，从而阐明了电路中两点间的电势差和静电学的电势这两个物理量在量纲和单位上的一致。使基尔霍夫定律具有更广泛的意义。直到现在，基尔霍夫定律仍旧是解决复杂电路问题的重要工具。基尔霍夫被称为"电路求解大师"。

能力提高

摩托车转向灯电路的装接与测试

一、实践目的

(1) 了解摩托车转向灯电路的工作原理。

(2) 提高电气线路的识读能力。

(3) 提高实际电路的装接能力。

(4) 提高电路的测量能力。

二、所用设备

(1) 摩托车转向灯电路板。

(2) 0~3 A 直流电流表、0~15 V 直流电压表各一块，或万用表一块。

三、电路说明

一种摩托车转向灯电路原理如图 1-27 所示。图中 RJ 为闪光继电器，当转向时，可以使电路间歇地通断，使转向灯产生闪光，向其他路人或车辆发出信号。S 为转向灯开关，是一个单刀三掷开关。D 为转向指示灯，装在仪表面板内，转向时向驾驶员提供转向灯是否在工作的情况。LD_1、LD_2 为前后两个左转向灯，RD_1、RD_2 为前后两个右转向灯。蓄电池电压为 12 V，四个转向灯的规格相同，均为 12 V、10 W 的灯泡，指示灯用 12 V、1.5 W 的小灯泡。

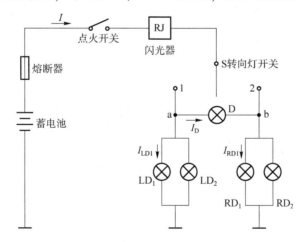

图 1-27 摩托车转向灯电路

四、操作步骤

(1) 分析摩托车转向灯电路的工作原理。

(2) 按电路图正确装接并调试电路。

(3) 按要求分别测量左、右转向灯电流 I_{LD_1}、I_{RD_1} 和转向指示灯电流 I_D 以及 a、b 两点的电位，并填入表 1-15 中。

表 1 – 15　摩托车转向灯电路的测量数据

转向开关S位置	a点电位	b点电位	I_{LD_1}	I_{RD_1}	I_D
拨向1（左）					
拨向2（右）					

五、分析思考

（1）在图 1 – 27 所示电路中，摩托车左转向时，每只灯的功率是多少？如何计算？

（2）根据 KCL 和实测数据，计算转向时总电流 I 的值。

（3）如果左转向后灯的灯丝断裂，此时各个灯泡的电流多大？如何计算？总电流又为多大？

（4）左转向时，右转向灯中有电流吗？右转向灯为什么不亮？

课后练习

（1）如图 1 – 28 所示电路，已知元件 1 的电压 $U_{ac} = 5$ V，吸收功率为 10 W，元件 2 的电压 $U_{cb} = -8$ V，求元件 2 的功率。

（2）如图 1 – 29 所示电路，已知 $U_1 = 10$ V，$U_2 = -5$ V，$U_3 = -3$ V，元件 1 吸收功率 10 W，求 U_4 及元件 2、3、4 的功率。

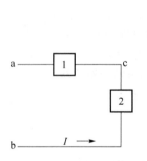

图 1 – 28　习题（1）电路

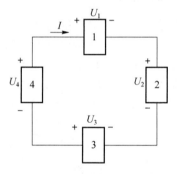

图 1 – 29　习题（2）电路

（3）如图 1 – 30 所示电路，已知直流电压源的电压 $U_S = 10$ V，分别求三种情况下的电压 U 和电流 I：①开路（$R = \infty$）；②$R = 10$ Ω；③短路（$R \to 0$ Ω）。

（4）如图 1 – 31 所示电路，已知直流电流源的电压 $I_S = 1$ A，分别求三种情况下的电压 U 和电流 I：①开路（$R = \infty$）；②$R = 10$ Ω；③短路（$R \to 0$ Ω）。

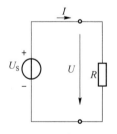

图 1 – 30　习题（3）电路

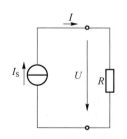

图 1 – 31　习题（4）电路

（5）如图 1-32 所示电路，分别计算两个无源网络等效电阻 R_{ab}。

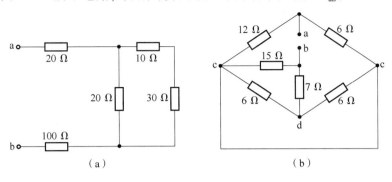

图 1-32 习题（5）电路

（6）图 1-33 所示电路为一多量程伏特表，已知表头电流满量程为 100 μA，其内阻 $R_0 = 1\ \text{k}\Omega$，求表头所串各电阻的值。

（7）如图 1-34 所示电路，已知直流电压源的电压 $U_S = 10\ \text{V}$，$R_1 = 20\ \Omega$，$R_2 = 100\ \Omega$，$R_3 = 100\ \Omega$，$R_4 = 30\ \Omega$，求 U_{ab} 与电阻 R_2 上的电流大小。

（8）如图 1-34 所示电路，已知直流电压源的电压 $U_S = 10\ \text{V}$，$R_1 = 20\ \Omega$，$R_2 = 100\ \Omega$，$R_3 = 100\ \Omega$，$R_4 = 30\ \Omega$，分别以 c 点和 a 点为参考点，求 b 点和 d 点的电位。

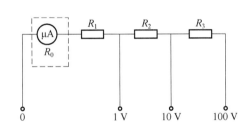

图 1-33 多量程伏特表电路

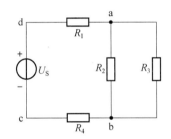

图 1-34 习题（7）（8）电路

任务三 多电源电路的分析与测试

任务目标

知识目标

①加深理解基尔霍夫定律和欧姆定律；
②能掌握线性电路的支路电流分析法；
③能掌握线性电路的网孔电流分析法；
④能理解叠加定理。

技能目标

①会运用支路电流法进行电路计算；

②会运用网孔电流法进行电路计算；

③会运用叠加定理进行电路计算；

④会进行电路的正确连接与测试。

任务描述

通过多电源电路的连接与测试，进一步加深对基尔霍夫定律和欧姆定律的理解，学会将多个电源共同作用的电路转化为多个单电源作用电路的叠加，使复杂电路变成简单电路。熟练使用常用电工仪表进行参数测试，巩固参考方向的概念。

任务分析

熟练进行多电源电路的连接，掌握复杂电路的分析方法，通过图1-35所示的技能训练任务的具体实施，掌握将多电源作用电路转化为多个单电源作用电路的方法。借助常用电工仪表测量电压、电流，巩固参考方向的概念，分析测量数据，获得电压与电流叠加的关系。

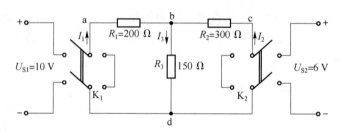

图1-35 叠加定理接线

任务学习

一、支路电流法

支路电流法是以支路电流为待求量，应用基尔霍夫电流定律和电压定律，对节点和回路列出必要的方程式，然后联立求解各支路电流的一种方法。它是求解复杂电路的基本方法。

1. 支路电流法求解电路的步骤

（1）确定电路中的支路数 b 和节点数 n，标注各支路电流的参考方向和回路绕行方向。

（2）应用基尔霍夫电流定律，列出 $n-1$ 个独立方程。

（3）应用基尔霍夫电压定律，列出其余 $b-(n-1)$ 个方程。

（4）联立方程求解，得出 b 个支路电流。

2. 应用举例

[例1-4] 试求图1-36所示电路的各支路电流。

解：各支路电流的参考方向如图所示，图中共有三条支路、两个节点。

根据 KCL，对节点 a 有：$-I_1 - I_2 - I_3 = 0$

同样，对节点 b 也有：$I_1 + I_2 + I_3 = 0$

即 n 个节点，只有 $n-1$ 个是独立节点，只能列出 $n-1$ 个独立方程。

以 l_1、l_2 两网孔为选定的独立回路，其 KVL 方程为

$$-2I_1 + 8I_3 - 14 = 0$$
$$3I_2 - 8I_3 + 2 = 0$$

以上三式联立求解，解得

$$I_1 = -3 \text{ A}, \quad I_2 = 2 \text{ A}, \quad I_3 = 1 \text{ A}$$

电流 $I_1 = -3$ A，说明该支路电流的实际方向与图示参考方向相反，即 14 V 电压源实际输出 3 A 的电流；$I_2 = 2$ A，说明该支路电流的实际方向与图示参考方向相同，即 2 V 电压源实际输入 2 A 的电流，成为负载。

由此可知，两个电源并联时，并不都是向负载供给电流和功率，当两电源的电动势相差较大时，电动势较小的电源不但不输出功率，反而吸收功率成为负载。因此，在实际供电系统中，直流电源并联时，应使两电源的电动势相等，内阻应相近。当采用并联电池的设备更换电池时，要全部换新的，不要一新一旧。

[例 1-5] 电路如图 1-37 所示，已知 $R_1 = 10 \ \Omega$，$R_2 = 2 \ \Omega$，电流源 $I_S = 2$ A，电源电压 $U_S = 10$ V，求各支路电流。

解：由电路图可知，该电路中有一恒流源支路，支路电流大小为 $I_S = 2$ A，所以只需求解其余两条支路的电流 I_1 和 I_2 即可。

电流 I_1 和 I_2 的参考方向及回路绕行方向如图 1-37 所示。

电路只有一个独立节点，由 KCL 列节点电流方程为

$$I_1 + I_2 = I_S \qquad 即：I_1 + I_2 = 2$$

根据回路绕行方向，由 KVL，列回路电压方程为

$$I_2 R_2 + U_S - I_1 R_1 = 0 \qquad 即：2I_2 - 10I_1 = -10$$

联立以上两个方程，解得

$$I_1 = 7/6 \text{ A}, \quad I_2 = 5/6 \text{ A}$$

思考：若选择外环为回路绕行方向，该如何列写 KVL 方程？此时，两个方程式联立能求解出 I_1 和 I_2 吗？

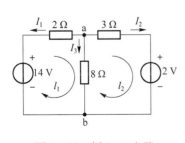

图 1-36　例 1-4 电路

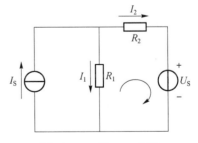

图 1-37　例 1-5 电路

3. 注意事项

（1）支路电流法适用于支路数较少的复杂电路。当电路中支路数较多时，方程的数目

增加，计算工作量较大。

（2）如果电路中含有理想电流源时，所需方程数等于总支路数减去理想电流源支路数，且独立回路应选取不含理想电流源支路的回路。

二、网孔电流法

网孔电流法是以网孔电流作为电路的变量，利用基尔霍夫电压定律列写网孔电压方程，进行网孔电流的求解，然后再根据电路要求进一步求出待求量。

1. 网孔电流法的解题步骤

在图1-38所示电路中，标出了六条支路电流的参考方向，如果用支路电流法求解，必须列出六个方程式，计算繁琐。而采用网孔电流法可大大简化计算过程。

下面以图1-38所示电路为例来说明网孔电流法解题的过程。网孔电流是一个假设的沿着各自网孔循环流动的电流，设三个网孔的电流分别为 I_{L1}、I_{L2} 和 I_{L3}，方向如图标示。

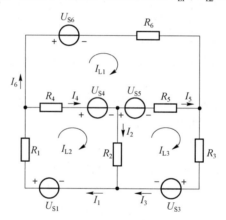

图1-38 网孔电流法示意图

各支路电流与网孔电流的相互关系为

$$I_1 = I_{L2} \qquad I_2 = I_{L2} - I_{L3} \qquad I_3 = I_{L3}$$
$$I_4 = I_{L2} - I_{L1} \qquad I_5 = I_{L3} - I_{L1} \qquad I_6 = I_{L1}$$

用网孔电流替代支路电流列出各网孔电压方程。

网孔①：$R_6 I_{L1} + U_{S6} - R_5 (I_{L3} - I_{L1}) - U_{S5} - R_4 (I_{L2} - I_{L1}) - U_{S4} = 0$

网孔②：$R_4 (I_{L2} - I_{L1}) + U_{S4} + R_2 (I_{L2} - I_{L3}) - U_{S1} + R_1 I_{L2} = 0$

网孔③：$U_{S5} + R_5 (I_{L3} - I_{L1}) + R_3 I_{L3} + U_{S3} - R_2 (I_{L2} - I_{L3}) = 0$

整理得以下电压方程。

网孔①：$(R_6 + R_5 + R_4) I_{L1} - R_4 I_{L2} - R_5 I_{L3} = U_{S4} + U_{S5} - U_{S6}$

网孔②：$-R_4 I_{L1} + (R_4 + R_2 + R_1) I_{L2} - R_2 I_{L3} = U_{S1} - U_{S4}$

网孔③：$-R_5 I_{L1} - R_2 I_{L2} + (R_5 + R_3 + R_2) I_{L3} = -U_{S3} - U_{S5}$

联立求解方程组，可求得各网孔电流，从而求得各支路电流。

含三个网孔的电路，网孔电压方程的通式为

$$\begin{cases} R_{11}I_{L1} + R_{12}I_{L2} + R_{13}I_{L3} = U_{S11} \\ R_{21}I_{L1} + R_{22}I_{L2} + R_{23}I_{L3} = U_{S22} \\ R_{31}I_{L1} + R_{32}I_{L2} + R_{33}I_{L3} = U_{S33} \end{cases} \qquad (1-17)$$

式中 R_{11}、R_{22}、R_{33} 分别为网孔①、②、③的网孔电阻之和，称为网孔的自电阻，自电阻恒为正。R_{12}、R_{13}、R_{21}、$\cdots$ 为相邻网孔的公共支路上的电阻，称为网孔间的互电阻。当各网孔电流的参考方向一致（如均为顺时针方向）时，流过互电阻的电流始终为相邻两个网孔电流之差，互电阻总为负。U_{S11}、U_{S22}、U_{S33} 为网孔①、②、③的电压源电压的代数和，电源电压方向与网孔电流方向一致时取 "－"；反之，取 "＋"。

网孔电流法解题步骤如下。

（1）确定各网孔电流的参考方向，为分析问题方便，取各网孔电流参考方向绕向一致。

（2）确定通式方程组中各项的系数。

（3）联立求解方程组，解出网孔电流。

（4）根据网孔电流，再求各支路电流及其他待求物理量。

2. 应用举例

[**例 1－6**] 电路如图 1－39 所示。用网孔法求流过 6 Ω 电阻的电流 I。

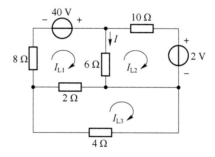

图 1－39 例 1－6 电路

解： 网孔电流 I_{L1}、I_{L2} 和 I_{L3} 的参考方向如图所示。

自电阻：$R_{11} = 6 + 2 + 8 = 16$（Ω）；$R_{22} = 10 + 6 = 16$（Ω），$R_{33} = 2 + 4 = 6$（Ω）

互电阻：$R_{12} = R_{21} = -6$ Ω；$R_{13} = R_{31} = -2$ Ω；$R_{23} = R_{32} = 0$

电源电压的代数和：$U_{S11} = 40$ V；$U_{S22} = -2$ V；$U_{S33} = 0$

对应各网孔的 KVL 方程为

$$\begin{cases} 16I_{L1} - 6I_{L2} - 2I_{L3} = 40 \\ -6I_{L1} + 16I_{L2} = -2 \\ -2I_{L1} + 6I_{L3} = 0 \end{cases}$$

求解方程组，得：$I_{L1} = 3$ A；$I_{L2} = 1$ A；$I_{L3} = 1$ A。

所以，电流 $I = I_{L1} - I_{L2} = 2$ A。

[**例 1－7**] 用网孔电流法求解例 1－5。已知 $R_1 = 10$ Ω，$R_2 = 2$ Ω，电流源 $I_S = 2$ A，电源电压 $U_S = 10$ V，求各支路电流。

解： 设网孔电流 I_{L1}、I_{L2} 的参考方向如图 1－40 所示。

电流源支路为独立支路，故网孔电流 $I_{L1} = I_S = 2$ A

$R_{21} = -R_1 = -10 \ \Omega$；$R_{22} = R_1 + R_2 = 10 + 2 = 12$（$\Omega$）；$U_{S22} = -U_S = -10$ V

则：$-10I_{L1} + 12I_{L2} = -10$

求得：$I_{L2} = 5/6$ A

$I_1 = I_{L1} - I_{L2} = 2$ A $- 5/6$ A $= 7/6$ A；$I_2 = I_{L2} = 5/6$ A

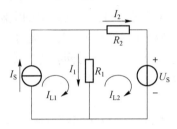

图 1 - 40　例 1 - 7 电路

[例 1 - 8] 用网孔电流法求图 1 - 41 所示电路中各支路电流。

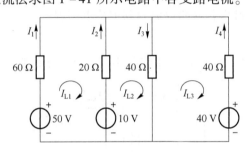

图 1 - 41　例 1 - 8 电路

解：三个网孔电流 I_{L1}、I_{L2}、I_{L3} 的参考方向如图所示。

自电阻：$R_{11} = 60 + 20 = 80$（Ω）；$R_{22} = 20 + 40 = 60$（Ω），$R_{33} = 40 + 40 = 80$（Ω）

互电阻：$R_{12} = R_{21} = -20 \ \Omega$；$R_{13} = R_{31} = 0$；$R_{23} = R_{32} = -40 \ \Omega$

电源电压的代数和：$U_{S11} = 50 - 10 = 40$（V）；$U_{S22} = 10$ V；$U_{S33} = -40$ V

对应各网孔的 KVL 方程为

$$\begin{cases} 80I_{L1} - 20I_{L2} = 40 \\ -20I_{L1} + 60I_{L2} - 40I_{L3} = 10 \\ -40I_{L2} + 80I_{L3} = -40 \end{cases}$$

求解方程组，得

$$I_{L1} = 0.5 \text{ A}；I_{L2} = 0；I_{L3} = -0.5 \text{ A}$$

各支路电流分别为

$I_1 = I_{L1} = 0.5$ A；$I_2 = I_{L2} - I_{L1} = -0.5$ A；$I_3 = I_{L2} - I_{L3} = 0.5$ A；$I_4 = -I_{L3} = 0.5$ A

3. 注意事项

（1）网孔电流法适用于支路较多而网孔较少的情况。如果电路的网孔较多、同样存在着方程数量较多、解题繁琐的问题。

（2）如果电路中含有电流源支路，且电流源支路为公共支路时，可设电流源的端电压为变量，同时补充相应方程。

（3）当网孔电流用独立回路电流代替时，网孔电流法就称为回路电流法。

三、叠加定理

叠加性是线性电路的基本性质，叠加定理是线性电路的一个重要定理。

叠加定理：对于任一线性网络，若同时受到多个独立电源的作用，则这些共同作用的电源在某条支路上所产生的电压或电流等于每个独立电源各自单独作用时，在该支路上所产生的电压或电流分量的代数和。

应用叠加定理求解电路的步骤如下。

（1）将含有多个电源的电路，分解成若干个仅含有单个电源的分电路，并给出每个分电路的电流或电压的参考方向。

（2）对每个分电路进行计算，求出各相应支路的分电流、分电压。

（3）将求出的分电路中的分电压、分电流进行叠加，求出原电路中的支路电流、支路电压。

应注意以下几点。

（1）在考虑某一电源单独作用时，其余的电源均不起作用。即电压源用"短路"代替、电流源用"开路"代替；实际电源的内阻保持不变，其他的电路参数和连接形式不变。

（2）叠加定理只适用于线性电路中电流或电压的叠加计算，不适用于功率的叠加计算；也不适用于非线性电路。

（3）叠加是代数量相加，当电流或电压分量与电流或电压总量的参考方向相同时，取"＋"号；相反则取"－"号。

[**例1-9**] 试用叠加定理计算图1-42所示电路中3 Ω 电阻支路的电流 I 及功率 P。

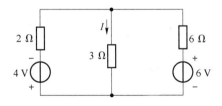

图1-42　例1-9电路

解：整个电路中包含两个独立的电压源，当一个电压源单独作用时，另一个电压源用"短路"代替。

当4 V电压源单独作用时，用短路线代替6 V电压源，其余不变，等效电路如图1-43（a）所示。

此时，3 Ω 电阻与6 Ω 电阻并联，对4 V电压源产生的电流进行分流，3 Ω 电阻支路的电流 I' 的参考方向与4 V电压源电流的参考方向相反，所以

$$I' = -\frac{4}{3//6+2}A \times \frac{6}{3+6} = -\frac{2}{3}A$$

6 V电压源单独作用时，等效电路如图1-43（b）所示。

此时，3 Ω 电阻支路的电流 I'' 的参考方向与6 V电源电流的参考方向一致，I'' 为

$$I'' = \frac{6}{6+2//3}A \times \frac{2}{2+3} = \frac{1}{3}A$$

根据叠加定理，3 Ω 电阻支路的电流 I 为

$$I = I' + I'' = -\frac{2}{3} + \frac{1}{3} = -\frac{1}{3} \quad (A)$$

3 Ω 电阻支路的功率 P 为

$$P = I^2 R = \frac{1}{9} \times 3 = \frac{1}{3} \quad (W)$$

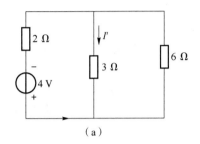 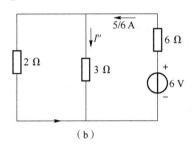

图 1 - 43　例 1 - 9 解图

[**例 1 - 10**] 试用叠加定理计算图 1 - 44 所示电路的电压 U。

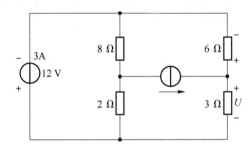

图 1 - 44　例 1 - 10 电路

解：整个电路包含 12 V 理想电压源和 3 A 理想电流源两个独立电源。

12 V 电压源单独作用时，3 A 电流源可用"开路"代替，等效电路如图 1 - 45 所示。

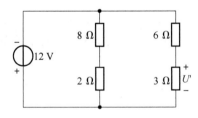

图 1 - 45　例 1 - 10 解图

12 V 电压源单独作用于电路时产生的电压 U' 为

$$U' = -\frac{12}{6+3} \times 3 \ V = -4 \ V$$

思考：计算公式中的负号从何而来？图 1 - 45 中 3 Ω 电阻的端电压 U' 的参考方向与流过 3 Ω 电阻的实际电流方向一致吗？

3 A 电流源单独作用时，12 V 电压源可用"短路"代替，等效电路如图 1 - 46 所示。此时，3 Ω 电阻与 6 Ω 电阻并联，对 3 A 电流源分流。

3 A 电流源作用于电路时产生的电压 U'' 为

$$U'' = 3 \times \frac{6}{6+3} \times 3 \text{ V} = 6 \text{ V}$$

由叠加定理，两电源共同作用于电路时产生的电压为

$$U = U' + U'' = (-4+6) \text{ V} = 2 \text{ V}$$

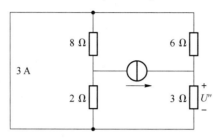

图 1 – 46　例 1 – 10 等效电路

能力训练

一、仪器设备

（1）通用电工实训工作台：一台。

（2）直流电流表、直流电压表各一块，或万用表一块。

（3）连接导线：若干。

（4）200 Ω、300 Ω、510 Ω 电阻：各一个。

二、能力训练内容及步骤

（1）按图 1 – 47 所示正确连接电路。电路连接时，要注意电源极性。直流稳压电源不允许输出端碰线短路。

（2）调节直流稳压电源 U_{S1}，使其输出为 10 V，直流稳压电源的输出电压应以电压表测量的读数为准。把 K_1 掷向电源 U_{S1} 一侧，K_2 掷向短路线一侧，使 U_{S1} 单独作用，测量各电流、电压并记录于表 1 – 16 中。

（3）调节直流稳压电源 U_{S2}，使其输出为 6 V。把 K_1 掷向短路线一侧，K_2 掷向电源 U_{S2} 一侧，使 U_{S2} 单独作用，测量各电流、电压并记录于表 1 – 16 中。

（4）把 K_1 和 K_2 分别掷向电源一侧，U_{S1}、U_{S2} 两电源共同作用，测量各电流、电压并记录于表 1 – 16 中。

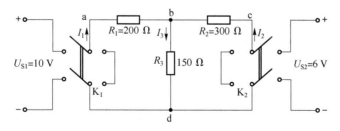

图 1 – 47　叠加定理接线

表 1 – 16 叠加定理测量数据

状态	I_1/mA	I_2/mA	I_3/mA	U_{ab}/v	U_{bc}/v	U_{bd}/v
U_{S1}单独作用						
U_{S2}单独作用						
U_{S1}、U_{S2}共同作用						

根据测量数据，得出结论： _____ 。

任务测试

（1）根据图 1 – 47 进行以下计算。

①U_{S1}单独作用时，各支路电流分别为 $I'_1 =$ _____ ，$I'_2 =$ _____ ，$I'_3 =$ _____ ；流入节点 b 的电流代数和 $\sum I' =$ _____ ；各电阻元件的端电压分别为 $U'_{ab} =$ _____ ，$U'_{bc} =$ _____ ，$U'_{bd} =$ _____ ；电阻 R_1、R_2、R_3 的功率分别为 $P'_{R_1} =$ _____ ，$P'_{R_2} =$ _____ ，$P'_{R_3} =$ _____ 。

②U_{S2}单独作用时，各支路电流分别为 $I''_1 =$ _____ ，$I''_2 =$ _____ ，$I''_3 =$ _____ ；流入节点 b 的电流代数和 $\sum I'' =$ _____ ；各电阻元件的端电压分别为 $U''_{ab} =$ _____ ，$U''_{bc} =$ _____ ，$U''_{bd} =$ _____ ；电阻 R_1、R_2、R_3 的功率分别为 $P''_{R_1} =$ _____ ，$P''_{R_2} =$ _____ ，$P''_{R_3} =$ _____ 。

③U_{S1} 和 U_{S2} 共同作用时，各支路电流分别为 $I_1 =$ _____ ，$I_2 =$ _____ ，$I_3 =$ _____ ；流入节点 b 的电流代数和 $\sum I =$ _____ ；各电阻元件的端电压分别为 $U_{ab} =$ _____ ，$U_{bc} =$ _____ ，$U_{bd} =$ _____ ；电阻 R_1、R_2、R_3 的功率分别为 $P_{R_1} =$ _____ ，$P_{R_2} =$ _____ ，$P''_{R_3} =$ _____ 。

④U_{S1} 和 U_{S2} 共同作用时的各支路电流与 U_{S1} 和 U_{S2} 单独作用时的各支路电流关系为 I _____ $I' + I''$，各电阻元件的电压关系为 U _____ $U' + U''$，功率关系为 P _____ $P' + P''$。

（2）叠加定理适用的范围是（   ）。

A. 直流电路　　　　　　B. 交流电路　　　　　　C. 线性元件电路

（3）回路电流与支路电流的相互关系是（   ）。

A. 两者肯定不相等　　　B. 两者肯定相等　　　　C. 视电路连接情况而定

（4）实现电能的输送和变换的电路称为（   ）电路。

A. 电子　　　　　　　　B. 弱电　　　　　　　　C. 电工

（5）在有 n 个节点、b 条支路的连通电路中，可以列出独立 KCL 方程和独立 KVL 方程的个数分别为（   ）。

A. n；b　　　　　　　B. $b - n + 1$；$n + 1$　　　C. $n - 1$；$b - n + 1$

（6）电压和电流的关联方向是指电压、电流（   ）一致。

A. 实际方向　　　　　　B. 参考方向　　　　　　C. 电位降方向

（7）在关联参考方向下，某元件功率 $P > 0$，说明该元件（   ）功率。

A. 产生　　　　　　　　B. 吸收　　　　　　　　C. 都有可能

（8）在关联参考方向下，某元件功率 $P < 0$，说明该元件是（   ）。

A. 电源　　　　　　　　B. 负载　　　　　　　　C. 储能元件

项目一　任务三
习题答案

（9）列网孔回路方程时，互电阻符号取（　　　）。

A. 流过互电阻的网孔电流方向相同取 + ，反之取 –

B. 恒取 +　　　　　　　　C. 恒取 –

（10）应用叠加定理求某支路电压、电流时，当某独立电源作用时，其他独立电源，如电压源应（　　　），电流源应（　　　）。

A. 开路　　　　　　　　B. 短路　　　　　　　　C. 保留

（11）沿顺时针方向和逆时针方向列写 KVL 方程，其结果是相同的。　　　　（　　　）

（12）在节点处各支路电流的参考方向不能均设为流向节点；否则将只有流入节点的电流，而无流出节点的电流。　　　　（　　　）

（13）基尔霍夫定律只适用于线性电路。　　　　（　　　）

（14）回路分析法与网孔分析法的方法相同，只是用独立回路代替网孔而已。　　　　（　　　）

（15）支路电流法是只应用基尔霍夫第二定律对电路求解的方法。　　　　（　　　）

课外阅读

电学单位安培是怎么得来的？

安德烈·玛丽·安培（André – Marie Ampère，1775 年 1 月 20 日至 1836 年 6 月 10 日），里昂人，法国物理学家、化学家和数学家。电流的国际单位安培，即以其姓氏命名。

人物简介

安培 1775 年 1 月 22 日生于里昂一个富商家庭。年少时就显露出数学才能。他的所有数学知识在 18 岁的时候就已经基本完成。安培的兴趣很广泛，对历史、旅行、诗歌、哲学及自然科学等多方面都有涉猎。1801 年他被聘为博各学院物理学与化学教授，1802 年他在布雷斯地区布尔格中央学校任物理学和化学教授，1804 年他开始在巴黎科技工艺学校（polytechnic school）任教，并在 1807 年成为那里的数学教授，1808 年被任命为法国帝国大学总学监，此后一直担任此职。1824 年担任法兰西学院实验物理学教授。1836 年，安培在法国去世。

主要成就

安培在 1820—1827 年对电磁作用的研究。

①发现了安培定则。

②发现电流的相互作用规律。

③发明了电流计。

④提出分子电流假说。

⑤总结了电流元之间的作用规律——安培定律。

麦克斯韦称赞安培的工作是科学上最光辉的成就之一，还把安培誉为"电学中的牛顿"。在电磁作用方面的研究成就卓著。

⟳ 课后练习

（1）支路电流法是以_____作为电路的独立变量，根据_____和_____列写方程求解各待求量。

（2）网孔电流法是以_____作为电路的独立变量，它仅适用于平面电路。

（3）网孔电流法是为了_____（增加；减少）方程式数目而引入的电路分析法。

（4）在图 1-48 所示电路中，已知电阻 $R_1 = R_3 = R_5 = 20\ \Omega$，$R_2 = R_4 = R_6 = 180\ \Omega$，电压 $U_{S1} = U_{S2} = U_{S3} = 110\ \text{V}$，当开关 S 断开和闭合时，用支路电流法求电路中各支路电流。

（5）在图 1-49 所示电路中，已知电阻 $R_1 = 5\ \Omega$，$R_2 = 10\ \Omega$，$R_3 = 5\ \Omega$，电压 $U_{S1} = 20\ \text{V}$，$I_S = 1\ \text{A}$，用支路电流法求电路中各支路电流。

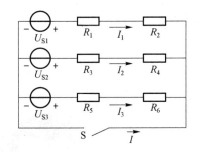

图 1-48　习题（4）电路

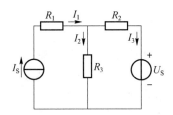

图 1-49　习题（5）电路

（6）电路及参数同本练习（4），当开关 S 断开和闭合时，用网孔电流法求电路中各支路电流。

（7）电路及参数同本练习（5），用网孔电流法求电路中各支路电流。

（8）在图 1-50 所示电路中，已知电阻 $R_1 = 4\ \Omega$，$R_2 = 8\ \Omega$，$R_3 = 6\ \Omega$，$R_4 = 12\ \Omega$，电压 $U_{S1} = 1.2\ \text{V}$，$U_{S2} = 3\ \text{V}$，用叠加定理求电流 I。

（9）在图 1-51 所示电路中，已知电阻 $R_1 = R_2 = 4\ \Omega$，$R_3 = 6\ \Omega$，$R_4 = R_5 = 12\ \Omega$，电压 $U_{S1} = 14\ \text{V}$，$U_{S2} = 7\ \text{V}$，$I_S = 3.5\ \text{A}$，用叠加定理求 R_3 上的电流 I。

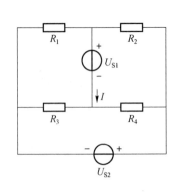

图 1-50　习题（8）电路

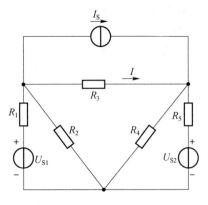

图 1-51　习题（9）电路

任务四 等效电路的分析与测试

任务目标

知识目标

①能理解电阻的 Y 形连接和 △ 形连接的等效变换方法；

②能掌握实际电压源和实际电流源的等效变换方法；

③能知道受控源及其等效变换的方法；

④能掌握戴维南定理与诺顿定理。

技能目标

①会运用 Y – △ 等效变换公式进行计算；

②会进行实际电压源与实际电流源的等效变换；

③会进行简单受控源的等效变换；

④会应用戴维南定理与诺顿定理进行电路计算。

任务描述

通过线性二端口有源网络的负载输出特性的测试，验证戴维南定理与诺顿定理。学会应用戴维南定理与诺顿定理进行复杂电路的化简与计算。

任务分析

熟练进行线性二端口有源网络的连接，通过图 1 – 52 所示电路的具体测试与分析，掌握线性有源二端网络的等效方法及等效电路，借助常用电工仪表测量电压、电流，分析测量数据，加深理解戴维南定理和诺顿定理。

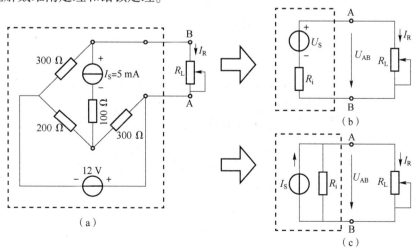

图 1 – 52 戴维南定理和诺顿定理电路

任务学习

一、电阻 Y – △等效变换

图 1 – 53 所示为一种具有桥形结构的电路，它是测量中常用的一种电桥电路，其中的电阻既非串联又非并联，不能用电阻串并联等效的形式进行化简，属于复杂电路。其中 R_1、R_3 和 R_4 构成 Y 形连接（星形连接）；电阻 R_1、R_2 和 R_3 构成 △形连接（三角形连接）。在 Y 形连接中，每个电阻都有一端接在一个公共节点上，另一端则分别接到三个端子上；在 △形连接中，每个电阻的两个端子依次首尾相连。

Y 形连接和 △形连接都是通过三个端子与外部相连，称为三端网络。图 1 – 54 （a） 和 （b） 分别示出接于端子 1、2、3 的 Y 形连接和 △形连接的 3 个电阻。若两个三端网络对应端子之间具有相同的电压 u_{12}、u_{23} 和 u_{31}，且流入对应端子的电流分别相等，即 $i_1 = i'_1$、$i_2 = i'_2$ 和 $i_3 = i'_3$ 时，则称这两个三端网络对外互为等效。

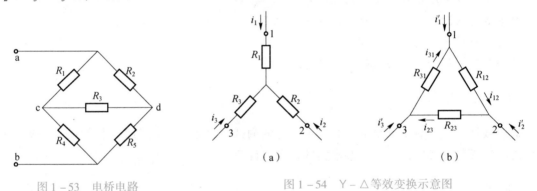

图 1 – 53　电桥电路　　　　　图 1 – 54　Y – △等效变换示意图

对于 Y 形连接电路，可根据 KCL 和 KVL 求出端子电压与电流之间的关系，方程为

$$i_1 + i_2 + i_3 = 0$$
$$R_1 i_1 - R_2 i_2 = u_{12}$$
$$R_2 i_2 - R_3 i_3 = u_{23}$$

可以解出电流

$$\begin{cases} i_1 = \dfrac{R_3 u_{12}}{R_1 R_2 + R_2 R_3 + R_3 R_1} - \dfrac{R_2 u_{31}}{R_1 R_2 + R_2 R_3 + R_3 R_1} \\[2mm] i_2 = \dfrac{R_1 u_{23}}{R_1 R_2 + R_2 R_3 + R_3 R_1} - \dfrac{R_3 u_{12}}{R_1 R_2 + R_2 R_3 + R_3 R_1} \\[2mm] i_3 = \dfrac{R_2 u_{31}}{R_1 R_2 + R_2 R_3 + R_3 R_1} - \dfrac{R_1 u_{23}}{R_1 R_2 + R_2 R_3 + R_3 R_1} \end{cases} \qquad (1-18)$$

对于 △形连接电路，各电阻中电流为

$$i_{12} = \frac{u_{12}}{R_{12}}, i_{23} = \frac{u_{23}}{R_{23}}, i_{31} = \frac{u_{31}}{R_{31}}$$

根据 KCL，端子电流分别为

$$
\begin{cases}
i_1' = \dfrac{u_{12}}{R_{12}} - \dfrac{u_{31}}{R_{31}} \\[2mm]
i_2' = \dfrac{u_{23}}{R_{23}} - \dfrac{u_{12}}{R_{12}} \\[2mm]
i_3' = \dfrac{u_{31}}{R_{31}} - \dfrac{u_{23}}{R_{23}}
\end{cases}
\tag{1-19}
$$

由于不论 u_{12}、u_{23} 和 u_{31} 为何值，两个等效电路对应的端子电流均相等，故式（1-18）与式（1-19）中电压 u_{12}、u_{23} 和 u_{31} 前面的系数应该对应相等。于是得到

$$
\begin{cases}
R_{12} = \dfrac{R_1R_2 + R_2R_3 + R_3R_1}{R_3} \\[3mm]
R_{23} = \dfrac{R_1R_2 + R_2R_3 + R_3R_1}{R_1} \\[3mm]
R_{31} = \dfrac{R_1R_2 + R_2R_3 + R_3R_1}{R_2}
\end{cases}
\tag{1-20}
$$

式（1-20）就是根据 Y 形连接的电阻确定 △ 形连接的电阻的公式。分子为 Y 形连接电阻的两两乘积之和，分母为 Y 形连接中与之对应两端点无关的电阻。

将式（1-20）中三式相加，并在右边通分可得

$$
R_{12} + R_{23} + R_{31} = \frac{(R_1R_2 + R_2R_3 + R_3R_1)^2}{R_1R_2R_3}
$$

代入 $R_1R_2 + R_2R_3 + R_3R_1 = R_{12}R_3 = R_{31}R_2$ 就可得到 R_1 的表达式。同理，可求得 R_2 和 R_3。于是得到

$$
\begin{cases}
R_1 = \dfrac{R_{12}R_{31}}{R_{12} + R_{23} + R_{31}} \\[3mm]
R_2 = \dfrac{R_{23}R_{12}}{R_{12} + R_{23} + R_{31}} \\[3mm]
R_3 = \dfrac{R_{23}R_{31}}{R_{12} + R_{23} + R_{31}}
\end{cases}
\tag{1-21}
$$

式（1-21）就是根据 △ 形连接的电阻确定 Y 形连接的电阻公式。分母为 △ 形连接中三个电阻之和，分子为 △ 形连接中与之对应节点相连的电阻之积。

若 Y 形连接中三个电阻相等，即 $R_1 = R_2 = R_3 = R_Y$，则等效 △ 形连接中三个电阻也相等，$R_\triangle = R_{12} = R_{23} = R_{31} = 3R_Y$ 或 $R_Y = 1/3 R_\triangle$。

[例 1-11] 求图 1-55（a）所示桥形电路的总电阻 R_{12}。

解：将图 1-55（a）中节点①、③、④内的 △ 形电路用等效 Y 形电路替代，得到图 1-55（b）所示电路，其中：

$$
R_1 = \frac{2 \times 2}{2 + 2 + 1}\Omega = 0.8\ \Omega
$$

$$
R_3 = \frac{2 \times 1}{2 + 2 + 1}\Omega = 0.4\ \Omega
$$

$$
R_4 = \frac{2 \times 1}{2 + 2 + 1}\Omega = 0.4\ \Omega
$$

然后用电阻串、并联等效的方法，得到图 1-55（c）~（e）所示电路，从而得到

$$R_{12} = 2.684 \ \Omega$$

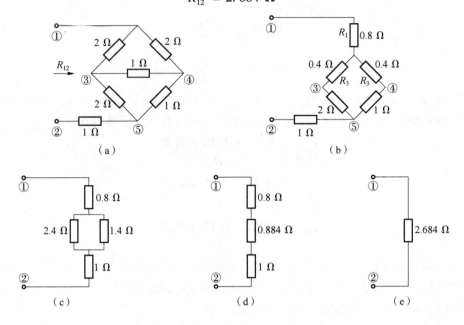

图 1-55　例 1-11 电路

二、实际电源的等效变换

从前面的分析可以知道，实际电压源和实际电流源的伏安特性曲线是相同的，所以电压源和电流源两者之间是可以等效变换的。

由图 1-56（a）所示电路可得

$$U = U_S - IR_0$$

故

$$I = \frac{U_S}{R_0} - \frac{U}{R_0} \tag{1-22}$$

从图 1-56（b）所示电路可得

$$I = I_S - \frac{U}{R_0'} \tag{1-23}$$

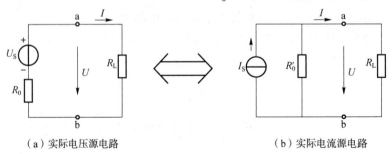

（a）实际电压源电路　　　　　　　　　　　（b）实际电流源电路

图 1-56　两种实际电源的等效变换

式（1-22）和式（1-23）只要满足条件

$$I_\mathrm{S} = \frac{U_\mathrm{S}}{R_0} \tag{1-24}$$

$$R_0 = R_0' \tag{1-25}$$

两式完全相等，即对外电路等效。

对外电路来说，一个实际电源，既可以用电压源表示，又可以用等效的电流源表示。所谓的电压源或电流源不过是同一实际电源的两种不同表示方式而已。实际上，内阻较大的电源用电流源表示、内阻较小的电源用电压源表示比较方便。

实际电源等效变换时应注意以下几个问题。

（1）式（1-24）和式（1-25）两个条件必须同时满足。

（2）极性必须一致：电流源流出电流的一端为电压源的正极性端。

（3）等效是相对于外电路而言的，对电源内部并不等效。

（4）理想电压源和理想电流源不能进行等效变换。

（5）与理想电压源并联的元件对外电路不起作用；对外电路进行讨论时并联的元件可断开。

（6）与理想电流源串联的元件对外电路不起作用；对外电路进行讨论时串联的元件可短接。

[例1-12] 电路如图1-57所示，已知 $U_{S1} = 12$ V，$U_{S2} = 24$ V，$R_1 = R_2 = 20$ Ω，$R_3 = 50$ Ω，试用电源等效变换的方法求出通过电阻 R_3 的电流 I_3。

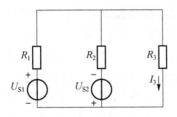

图1-57 例1-12电路

解：将两个电压源分别等效转换为电流源，如图1-58（a）所示。

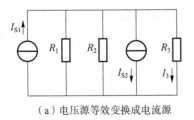

（a）电压源等效变换成电流源 （b）电流源化简

图1-58 例1-12解图

$$I_{S1} = U_{S1}/R_1 = 0.6 \text{ A}, \quad I_{S2} = U_{S2}/R_2 = 1.2 \text{ A}$$

将两个电流源进行化简，转换为一个电流源的电路，如图1-58（b）所示。

$$I_\mathrm{S} = -I_{S1} + I_{S2} = 0.6 \text{ A（选 } I_{S2} \text{ 的方向）} \quad R = R_1 // R_2 = 10 \text{ Ω}$$

由分流公式求出通过电阻 R_3 的电流 I_3，即

$$I_3 = -\frac{R}{R + R_3} \times I_S = -0.1\,\text{A}\ (\text{负号说明电流}\ I_3\ \text{的实际方向与参考方向相反})$$

[**例1-13**] 用电源等效变换的方法求图1-59（a）所示电路的电流 I_1 和 I_2。

解： 将原电路等效变换为图1-59（b）所示电路，再化简为图1-59（c）所示电路，由此可得

$$I_2 = \frac{5}{10 + 5} \times 3 = 1\,(\text{A})$$

$$I_1 = I_2 - 2 = 1 - 2 = -1\,(\text{A})$$

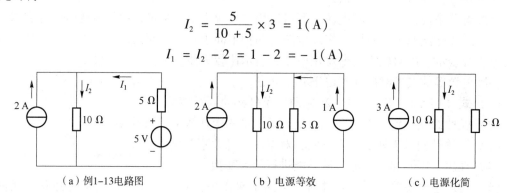

（a）例1-13电路图　　　　　　（b）电源等效　　　　　　（c）电源化简

图1-59　电路及其等效电路

三、受控源及等效变换

1. 受控源及其类型

前面讨论的电压源和电流源，都是独立电源，电压源的端电压和电流源的输出电流都只取决于电源本身，而不受电源外部电路的控制。但在电子线路中经常会遇到晶体管和场效应管等有源器件，它们的电压或电流受电路中其他部分的电压或电流的控制，既不同于无源元件又不同于独立电源，是一种非独立电源，其电路模型用受控源来表示。

为区别独立电源，受控源用菱形图形表示。受控源有两对端钮，一对为输入端（控制端），另一对为输出端（受控端）。根据控制量是电压或电流，受控源是电压源或电流源，理想受控源可分为图1-60所示的四种类型。

理想受控源的输入端和输出端都是理想的。在输入端，电压控制时输入端为开路（$I_1 = 0$）；电流控制时输入端为短路（$U_1 = 0$）。这样，理想受控源的输入功率损耗为零。在输出端，理想受控源分为受控恒压源（$R_0 = 0$，输出电压恒定）或受控恒流源（$R_0 = \infty$，输出电流恒定）。

图1-60（a）所示为电压控制电压源（VCVS），输出电压 $U_2 = \mu U_1$，其中 μ 是电压放大系数，U_1 为输入电压。

图1-60（b）所示为电流控制电压源（CCVS），输出电压 $U_2 = r I_1$，其中 r 是转移电阻，单位是 Ω，I_1 为输入电流。

图1-60（c）所示为电压控制电流源（VCCS），输出电流 $I_2 = g U_1$，其中 g 是转移电导，单位是西门子（S），U_1 为输入电压。

图1-60（d）所示为电流控制电流源（CCCS），输出电流 $I_2 = \beta I_1$，其中 β 是电流放大系数，I_1 为输入电流。

当四种受控源中的系数 μ、r、g、β 是常数时，受控源的控制作用是线性的。

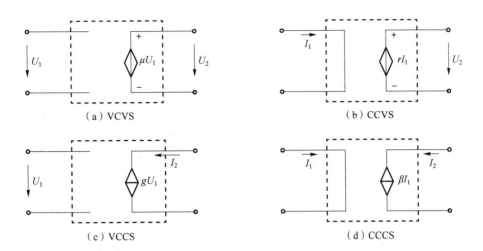

图 1 – 60　理想受控源模型

2. 受控源的等效变换

受控源也能进行等效变换，变换的方法是将受控源看作独立电源一样进行变换。但在变换过程中一定要注意受控源的控制量在变换前后不发生改变。

[例 1 – 14] 将图 1 – 61（a）所示的 CCCS 电路等效变换为 CCVS 电路。

分析： 图 1 – 61（a）所示的受控源是电流控制电流源，控制量是电流 I_1，输出量是 $3I_1$。如直接将受控电流源与并联的 10 Ω 电阻等效变换为受控电压源，控制量 I_1 将被消去，因此，必须先将 I_1 转化为不会消去的电流 I，即找到 I_1 与 I 的关系，用 I 作受控源的控制量。

由 KCL 得

$$I = I_1 - 3I_1 = -2I_1 \text{ 或 } I_1 = -\frac{1}{2}I$$

故受控电流源的电流可表示为

$$3I_1 = 3 \times \left(-\frac{1}{2}I\right) = -1.5I$$

其等效受控电压源的端电压为

$$-1.5I \times 10 = -15I$$

串联电阻仍为 10 Ω，因此可得到图 1 – 61（b）所示的电流控制电压源电路。

注意： 本题受控源的控制量恰好是并联内阻上的电流，电源变换时，变换前后内阻上的电流是不相等的。因此，要做上述受控源的控制量转换工作。

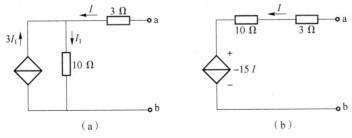

图 1 – 61　例 1 – 14 电路

四、戴维南定理

在家庭用电中，一个单相照明电路，要提供电能给日光灯、风扇、电视机、电脑等许多家用电器，如图 1 - 62（a）所示。对其中任意一种电器来说，都是接在电源的两个接线端子上。如要计算通过其中一盏日光灯的电流等参数，对日光灯而言，接日光灯的两个端子a、b 的左边可以看作日光灯的电源，此时电路中的其他电气设备均为这一电源的一部分。等效电路如图 1 - 62（b）所示，显然电路简单多了。这种变换就是戴维南定理的应用。

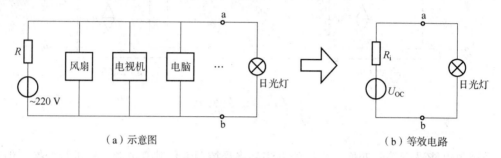

（a）示意图　　　　　　　　　　　（b）等效电路

图 1 - 62　家用照明电路

戴维南定理：任何一个线性有源二端网络，可以用一个实际电压源对外电路等效，如图 1 - 63 所示。电压源的电压等于有源二端网络的开路电压 U_{OC}，即将负载断开后 a、b 两端之间的电压；串联电阻等于该有源二端网络中所有独立电源不起作用（电压源用短路线代替、电流源开路）时的等效电阻 R_i。

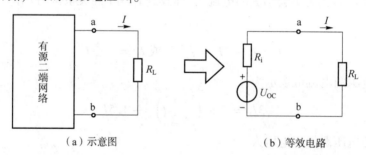

（a）示意图　　　　　　　　　　　（b）等效电路

图 1 - 63　戴维南定理示意图

求戴维南等效电路的步骤如下。

（1）求出有源二端网络的开路电压 U_{OC}。

（2）将有源二端网络的所有电压源用短路线代替，电流源开路，求出无源二端网络的等效电阻 R_i。

（3）画出戴维南等效电路图。

[例 1 - 15] 如图 1 - 64（a）所示电路，用戴维南定理求电路中 40 Ω 电阻的电流 I。

解：（1）将 40 Ω 电阻从电路中断开，求有源二端网络的开路电压 U_{ab}。等效电路如图 1 - 64（b）所示。

$$U_{ab} = \frac{50 - 40}{60 + 40} \times 40 + 40 = 44(\text{V})$$

（2）将有源二端网络的所有电压源短路，求其等效电阻 R_{ab}，如图 1-64（c）所示。

$$R_{ab} = \frac{60 \times 40}{60 + 40} = 24(\Omega)$$

（3）画出戴维南等效电路图，将从电路中断开的 40 Ω 电阻接入，求电流 I，如图 1-64（d）所示。

$$I = \frac{44}{24 + 40} = \frac{11}{16}(A)$$

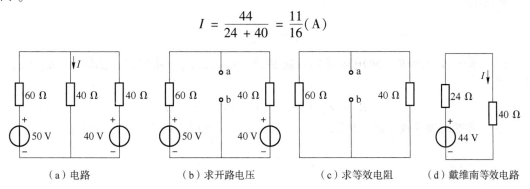

（a）电路　　　　（b）求开路电压　　　　（c）求等效电阻　　　　（d）戴维南等效电路

图 1-64　例 1-15 电路

五、诺顿定理

由实际电源的等效变换可知，一个线性有源二端网络既然可以用一个实际电压源等效代替，当然也可以用一个实际电流源等效替代。

诺顿定理：任何一个线性有源二端网络，可以用一个实际电流源对外电路等效。电流源的电流等于该有源二端网络的短路电流，并联电阻等于该网络内部的独立电源不起作用时的等效电阻。这一电流源与电阻的并联电路称为诺顿等效电路。

[**例 1-16**] 如图 1-65（a）所示电路，已知电阻 $R_1 = R_2 = 1\ \Omega$，$R_3 = 5\ \Omega$，电压 $U_S = 10\ V$，$I_S = 2\ A$，求诺顿等效电路。

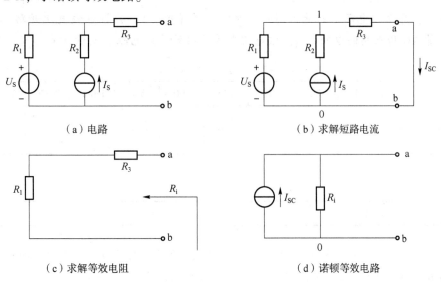

（a）电路　　　　　　　　　　　　（b）求解短路电流

（c）求解等效电阻　　　　　　　　　　（d）诺顿等效电路

图 1-65　例 1-16 电路

解：（1）求短路电流 I_{SC}，等效电路如图 1-65（b）所示。

利用叠加定理求节点电压 U_{10} 为

$$U_{10} = \frac{U_S}{R_1 + R_3} R_3 + I_S \frac{R_1 \times R_3}{R_1 + R_3} = \left(\frac{10}{1+5} \times 5 + 2 \times \frac{1 \times 5}{1+5} \right) V = 10\ V$$

短路电流 I_{SC} 为

$$I_{SC} = \frac{U_{10}}{R_3} = \frac{10}{5}\ A = 2\ A$$

（2）求等效电阻 R_i。将电压源用短路替代、电流源用开路替代，如图 1-65（c）所示，则

$$R_i = R_1 + R_3 = (1+5)\ \Omega = 6\ \Omega$$

（3）求得诺顿等效电路，如图 1-65（d）所示。此时 $I_{SC} = 2\ A$，方向向上。

🔄 能力训练

电源的等效变换及测试

一、仪器设备

（1）通用电工实训工作台：一台。

（2）直流电流表、直流电压表、万用表：各一块。

（3）连接导线：若干。

（4）电阻：若干。

二、训练内容及步骤

（1）测量有源二端网络负载特性。按图 1-66（a）所示接线，在 A、B 两端子上，接上电阻箱作为负载电阻，改变负载电阻 R_L，测量相应的 U_{AB} 和 I_R 的数值，特别注意要测出 $R_L = \infty$ 和 $R_L = 0$ 时的电压和电流。测量结果记入表 1-17 中。

（2）测量二端网络的等效电阻。使图 1-66（a）中的电源不起作用，即将电流源开路，电压源不接，原来接电压源的地方用一根导线代替（短路），再将负载电阻开路，用万用表电阻挡测量 AB 两点间的电阻 R_{AB}，该电阻即为网络的等效电阻。测量结果记入表 1-18 中。

表 1-17 有源二端网络负载特性

R_L/Ω	0	10	20	50	100	200	500	1 000	2 000	5 000	∞
U_{AB}/V											
I_R/mA											

表 1-18 二端网络等效电阻

R_{AB}/Ω	

（3）按图 1-66（b）所示接线。使 $R_i = R_{AB}$，将稳压电源输出电压 U_S 调到步骤（1）所测得的 $R_L = \infty$ 时的开路电压值上，调节电阻箱的电阻 R_L，测量相应的 U_{AB} 和 I_R 的数值，将测量结果记入表 1-19 中。

表 1 – 19   戴维南等效特性

R_L/Ω	0	10	20	50	100	200	500	1 000	2 000	5 000	∞
U_{AB}/V											
I_R/mA											

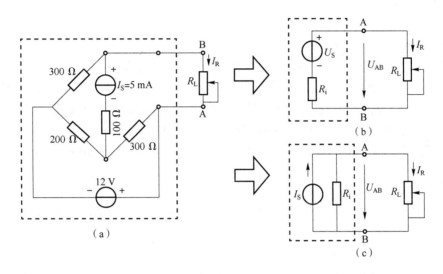

图 1 – 66   戴维南定理电路

（4）按图 1 – 66（c）所示接线。使 $R_i = R_{AB}$，将电流源输出电流 I_S 调到步骤（1）所测得的 $R_L = 0$ 时的短路电流值上，调节电阻箱的电阻 R_L，测量相应的 U_{AB} 和 I_R 的数值，将测量结果记入表 1 – 20 中。

表 1 – 20   诺顿等效特性

R_L/Ω	0	10	20	50	100	200	500	1 000	2 000	5 000	∞
U_{AB}/V											
I_R/mA											

任务测试

（1）根据表 1 – 17 和表 1 – 19 的测量数据，分析总结：

按图 1 – 66（a）连接所得测量结果与按图 1 – 66（b）连接所得测量结果_____，说明两者_____。任意一个有源二端网络可以用一个_____进行等效。

项目一 任务四
习题答案

（2）根据表 1 – 17 和表 1 – 20 的测量数据，分析总结：

按图 1 – 66（a）连接所得测量结果与按图 1 – 66（c）连接所得测量结果_____，说明两者_____。任意一个有源二端网络也可以用一个_____进行等效。

（3）关于理想电压源与理想电流源的等效互换，以下说法正确的是（   ）。

A. 不可以等效互换　　　B. 可以等效互换　　　C. 满足条件可以等效互换

（4）任何一个线性有源二端网络，只可以用一个实际（　　）对外电路等效。

A. 电压源或电流源　　　B. 电压源　　　C. 电流源

（5）用一高内阻电压表测得某直流电源的开路电压为 25 V，用足够量程的电流表测得该直流电源的短路电流为 5 A，这一直流电源的戴维南等效电路是（　　）。

A. $U_s = 25$ V 与 $R_i = 5$ Ω 相串联

B. $U_s = 25$ V 与 $R_i = 5$ Ω 相并联

C. $I_s = 5$ A 与 $R_i = 5$ Ω 相并联

（6）关于实际电源的等效互换，这里"等效"的意思是指（　　）。

A. 只对外电路等效　　　B. 只对内电路等效　　　C. 同时对外电路和内电路等效

（7）任何一个复杂的纯电阻网络都可以借助（　　）化简为一个电阻。

A. Y－△等效　　　B. 串并联等效　　　C. Y－△等效和串并联等效

（8）理想电压源输出的（　　）值恒定，输出的（　　）值由它本身和外电路共同决定。

A. 电压　　　B. 电流　　　C. 电动势

（9）理想电流源输出的（　　）值恒定，输出的（　　）值由它本身和外电路共同决定。

A. 电压　　　B. 电流　　　C. 电动势

（10）戴维南定理说明任意一个线性有源二端网络可等效为（　　）和内阻（　　）连接来表示。

A. 短路电流 I_{sc}　　　B. 开路电压 U_{oc}　　　C. 串联　　　D. 并联

（11）诺顿定理说明任意一个线性有源二端网络可等效为（　　）和内阻（　　）连接来表示。

A. 短路电流 I_{sc}　　　B. 开路电压 U_{oc}　　　C. 串联　　　D. 并联

（12）求线性有源二端网络内阻时，应将电压源（　　）处理，将电流源（　　）处理。

A. 开路　　　B. 短路　　　C. 保留

（13）独立电源有（　　）和（　　）两种。

A. 电压源　　　B. 电流源　　　C. 受控源

（14）电阻均为 9 Ω 的△形电阻网络，若等效为 Y 形网络，各电阻的阻值应为（　　）。

A. 6 Ω　　　B. 3 Ω　　　C. 9 Ω

（15）在含有受控源的电路分析中，特别要注意：不能随意把（　　）的支路消除掉。

A. 控制量　　　B. 被控制量　　　C. 电源电压

（16）已知接成 Y 形的三个电阻都是 30 Ω，则等效△形的三个电阻阻值为（　　）。

A. 全是 10 Ω　　　B. 两个 30 Ω 一个 90 Ω　　　C. 全是 90 Ω

（17）受控源在电路分析中的作用，和独立源完全相同。　　　　　　　　（　　）

（18）电路等效变换时，如果一条支路的电流为零，可按短路处理。　　　（　　）

课外阅读

戴维南定理是如何总结提出的?

戴维南定理是由法国的电信工程师戴维南(Léon Charles Thévenin, 1857 年 3 月 30 日至 1926 年 9 月 21 日)发现并加以总结的。

人物简介

戴维南出生于法国莫城,1876 年毕业于巴黎综合理工学院。1878 年他加入了电信工程军团(即法国 PTT 的前身),最初的任务为架设地底远距离的电报线。

1882 年成为综合高等学院的讲师,让他对电路测量问题有了浓厚的兴趣。他利用欧姆定律来分析复杂电路,在研究了基尔霍夫定律以及欧姆定律后,他发现了著名的戴维南定理,可用于计算更为复杂电路上的电流。

此外,在担任综合高等学院电信学院的院长后,他也常在校外教授其他的学科,如在国立巴黎农学院教机械学。1896 年他被聘为电信工程学校的校长,随后在 1901 年成为电信工坊的首席工程师。

关于线性含源二端网络可以等效成一个简单的线性时不变含源二端网络的定理,1883 年由戴维南提出。1853 年 H. 亥姆霍兹也提出过,故又称为亥姆霍兹—戴维南定理。有时也译为戴维宁定理。

课后练习

(1)从外特性来看,任何一条电阻支路与电压源 U_S _____联,其结果可以用一个等效电压源替代,该等效电压源电压为_____。

(2)从外特性来看,任何一条电阻支路与电流源 I_S _____联,其结果可以用一个等效电流源替代,该等效电流源电流为_____。

(3)在应用戴维南定理对有源二端网络求解开路电压时,如果出现受控源,受控源处理应与_____分析方法相同。

(4)对图 1 - 67 所示电桥电路,应用 Y - △ 等效方法求解对角线电压 U。

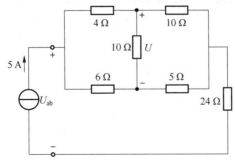

图 1 - 67 电桥电路

(5) 在图 1-68 (a) 中, $u_{s1}=45$ V, $u_{s2}=20$ V, $u_{s4}=20$ V, $u_{s5}=50$ V; $R_1=R_3=15$ Ω, $R_2=20$ Ω, $R_4=50$ Ω, $R_5=8$ Ω; 在图 1-68 (b) 中 $u_{s1}=20$ V, $u_{s5}=30$ V, $i_{s2}=7$ A, $i_{s4}=17$ A, $R_3=10$ Ω, $R_5=10$ Ω。利用电源的等效变换求图 1-68 (a) 和 (b) 中电压 u_{ab}。

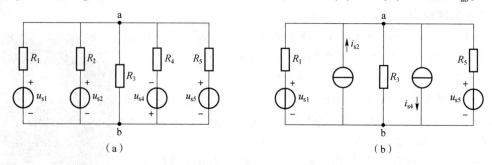

图 1-68 习题 (5) 电路

(6) 利用电源的等效变换, 求图 1-69 所示电路的电流 i。

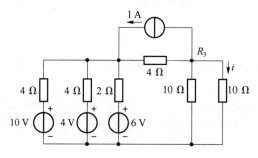

图 1-69 习题 (6) 电路

(7) 已知 $U_S=20$ V, $R_1=R_2=2$ Ω, $R_3=R_4=1$ Ω。利用电源的等效变换, 求图 1-70 所示电路中电压输出。

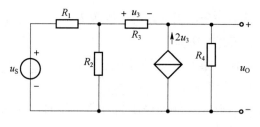

图 1-70 习题 (7) 电路

(8) 在图 1-71 所示电路中, 已知电阻 $R_1=3$ kΩ, $R_2=6$ kΩ, $R_3=1$ kΩ, $R_4=R_6=2$ kΩ, $R_5=1$ kΩ, 电压 $U_{S1}=15$ V, $U_{S2}=12$ V, $U_{S4}=8$ V, $U_{S5}=7$ V, $U_{S6}=11$ V, 试用戴维南定理求电流 I_3。

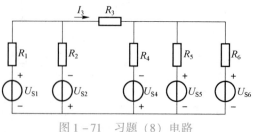

图 1-71 习题 (8) 电路

（9）在图 1-72 所示电路中，已知电阻 $R_1 = R_2 = 2\ \Omega$，$R_3 = 50\ \Omega$，$R_4 = 5\ \Omega$，电压 $U_{S1} = 6\ V$，$U_{S3} = 10\ V$，$I_{S4} = 1\ A$，求戴维南等效电路。

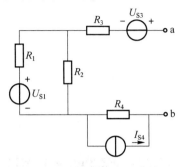

图 1-72　习题（9）电路

（10）在图 1-73 所示电路中，已知电阻 $R_1 = R_2 = 4\ \Omega$，$R_3 = 6\ \Omega$，电压 $U_{S1} = 10\ V$，$U_{S2} = 20\ V$，求诺顿等效电路。

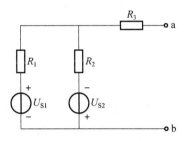

图 1-73　习题（10）电路

（11）在图 1-74 所示电路中，已知电阻 $R_1 = R_2 = R_5 = R_6 = 6\ \Omega$，$R_3 = R_4 = 3\ \Omega$，电压 $U_S = 24\ V$，$I_S = 1\ A$，试用诺顿定理求电压 U。

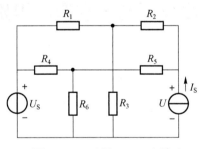

图 1-74　习题（11）电路

（12）在图 1-75 所示电路中，试求电流 I。

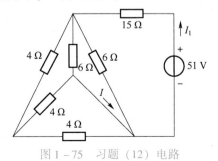

图 1-75　习题（12）电路

单相交流电路的装接与测试

在实际应用中，正弦交流电的应用最为广泛。本项目主要介绍正弦交流电的基本概念，着重阐述相量的概念、正弦电路的相量分析与计算方法、提高功率因数的方法以及谐振的概念及谐振电路的特性；强调常用电工仪表的使用技能，通过学习使学生能熟练进行常用电感和电容元件的识别与检测，熟练进行双控照明电路、日光灯电路等的装接与测试。

任务一　电感器与电容器的识别与检测

 **任务目标**

知识目标

①掌握电感器和电容器的基本性质；

②熟悉电感器和电容器的常用类型；

③知道电感器和电容器的用途；

④掌握电感器和电容器的质量判别方法。

技能目标

①会正确识别电感器与电容器；

②会用万用表测量电容器的大小；

③会用万用表判别电解电容器的正负极；

④会用万用表判别电感器与电容器的好坏。

通过对不同类型电感器和电容器的识别，掌握其参数的含义，学会用万用表判断电感器的质量，学会用万用表测量电容值、判断电容器的质量与极性。

■ 任务分析

电感器和电容器是电路中常用的两种储能元件。通过对这两种元件的识别与检测，加深理解电感器和电容器参数标注的含义及质量判别的方法，理解电感器与电容器的性能，为后续交流电路和动态电路的学习打下良好的基础。

■ 任务学习

一、电感器

电感器又称电感线圈或电感，是电路的基本元件之一。电感器是一种储能元件，具有将电能转变成磁能并储存于磁场中的作用。电感器是实际线圈的理想化模型，而实际的线圈是由导线绕制而成的。

1. 电感器的型号组成

根据国家标准，电感器型号的命名由四部分内容组成，如图 2-1 所示。

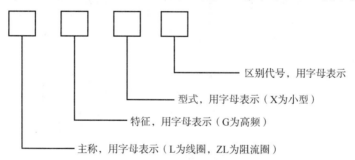

图 2-1　电感器的型号命名方法

例如，LGX 型即为小型高频电感线圈。

2. 电感器的结构和符号

1）结构

电感器是用导线一圈紧靠一圈地绕在绝缘骨架上构成，导线彼此互相绝缘。当绝缘骨架内插入铁芯或磁芯时，就称为有芯电感器；否则为空心电感器。空心电感器的电感量较小，有芯电感器的电感量较大，而有芯电感器中，磁芯的比铁芯的电感量大。铁芯通常应用于低频电感；磁芯通常应用于高频电感。

电感器的结构示意图如图 2-2 所示。部分电感器的实物如图 2-3 所示。

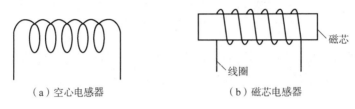

（a）空心电感器　　　　　　　　（b）磁芯电感器

图2－2　电感器结构示意图

（a）空心电感器　　　　　　　　（b）磁芯电感器

图2－3　电感器的实物

2）符号

几种电感器的电路符号如图2－4所示。

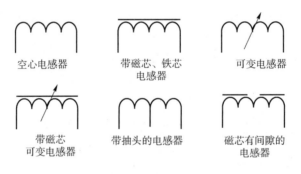

空心电感器　　带磁芯、铁芯　　可变电感器
　　　　　　　　电感器

带磁芯　　　　带抽头的电感器　　磁芯有间隙的
可变电感器　　　　　　　　　　　电感器

图2－4　电感器的电路符号

3. 电感器的工作原理及分类

1）工作原理

电感器根据电磁感应原理工作。当电感器通以交变电流时，在电感器周围将产生交变磁场，电感器线圈中将产生感应电动势，如果线圈形成回路，则产生感应电流，感应电动势会阻碍线圈中电流的变化。

2）分类

电感器通常分成两大类：一类是应用自感原理的电感线圈；另一类是应用互感原理的变压器。电感线圈的主要作用是对交流信号进行隔离、滤波或组成谐振电路等；而变压器的主要作用是进行电压变换、电流变换、阻抗变换、隔离、稳压（磁饱和变压器）等。电感器常见的应用有变压器铁芯上的线圈、收音机的磁棒天线、节能灯的电子镇流器、电磁炉的线圈等。

4. 电感器的基本特性

电感器同电阻器一样，也对电流具有阻碍作用，这种阻碍作用称为感抗，用 X_L 表示，单位为 Ω。感抗 X_L 可表示为

$$X_L = 2\pi fL \tag{2-1}$$

式中：f 为流过电感器的交流电的频率；L 为电感器的电感量。

由式（2-1）可知，当电感量一定时，感抗与频率成正比。频率越低，感抗越小；频率越高，感抗越大，即"通低频、阻高频"。当频率一定时，感抗与电感量成正比。

直流电路可看成频率为零的交流电，电感器对直流电流没有阻碍作用，呈通路状态，因电感线圈的直流电阻很小，可忽略，故电感器在直流电路中可看作"短路"。

在交流电路中，电感器的感抗远大于其直流电阻。

电感器的另一特性是电感线圈中的电流不能突变，即电感器会阻止电流的变化。当流过线圈的电流大小发生改变时，线圈要产生一个反向的感应电动势来维持原电流的大小，即感应电动势阻碍线圈中电流的变化。线圈中的电流变化率越大，产生的反向感应电动势也越大。

5. 电感器的主要参数

1）电感量

电感量是衡量线圈产生电磁感应能力的物理量。当线圈通入电流时，周围会产生磁场，线圈就有磁通量通过。实验证明，当线圈中及其周围不存在铁磁物质时，通过载流线圈的磁通量和流过线圈的电流成正比，其比例系数称为自感系数，又叫电感量，简称电感，即

$$L = \frac{\Psi}{i} \tag{2-2}$$

式中：L 为电感量；Ψ 为通过线圈的磁通量；i 为流过线圈的电流。

电感量的基本国际单位为亨利（H），实用单位为毫亨（mH）、微亨（μH）、纳亨（nH），$1\ H = 10^3\ mH = 10^6\ \mu H = 10^9\ nH$。

电感量的大小与线圈的结构有关，线圈绕的匝数越多，电感量越大。在同样匝数的情况下，线圈增加了磁芯之后，电感量也增大。

2）品质因数（Q 值）

电感线圈的品质因数也叫 Q 值，是表示线圈质量的物理量。它是指线圈在某一频率的交流电压下工作时，所呈现的感抗与等效损耗电阻的比值，即

$$Q = \frac{X_L}{r} \tag{2-3}$$

式中：X_L 为线圈的感抗；r 为线圈的等效损耗电阻（包括直流电阻、高频电阻及介质损耗电阻），当频率 f 较小时，可认为 r 等于线圈的直流电阻。

为提高电感的品质因数，可以采用镀银导线，以减小高频电阻；采用介质损耗小的高频陶瓷骨架，以减小介质损耗；采用磁芯，以提高磁通量，可以大大减少线圈匝数，从而减小导线直流电阻，提高品质因数。

3）分布电容

电感线圈的各匝绕组之间存在着分布电容，同时，在屏蔽罩之间、多层绕组的每层之

间、绕组与底板之间也都存在着分布电容。分布电容的存在使线圈的 Q 值减小，稳定性变差。为了减小线圈的分布电容，可以减小线圈骨架的直径，用细导线绕制线圈。

6. 电感器的识别

为了便于识别，电感器的参数常用一定的方法标注在电感体上。常用的标注方法与电阻基本相同，有直标法、文字符号法和色环标志法。

（1）直标法。

用数字和文字符号将电感量直接标在电感体上，后续英文字母表示其允许误差。例如，560 μHK 表示标称电感量为 560 μH，允许误差为 ±10%。

（2）文字符号法。

对小功率电感器常采用文字符号法。将标称值和允许误差用数字和文字符号按一定的规律组合标志在电感体上。用 R 表示小数点时，默认标注单位为 μH。例如，4R7M 的含义是：4R7 表示电感量为 4.7 μH，M 表示允许误差为 ±20%；4N7J 的含义是：4N7 表示电感量为 4.7 nH，J 表示允许误差为 ±5%；47 N 表示电感量为 47 nH，6R8 表示电感量为 6.8 μH。

（3）色环标志法。

色环标志法是指在电感器表面涂上不同的色环来代表电感量，其含义与电阻器相同。默认标注单位为 μH。

7. 电感器的质量判别

先用万用表 $R \times 1 \ \Omega$ 挡测量电感器的阻值。如果阻值为"∞"，说明内部断线；如果阻值为"0"，说明内部短路。如果阻值正常，再用 $R \times 10 \ k\Omega$ 挡测量其绝缘电阻。如电感引线与铁芯或外壳之间的电阻值为"∞"，则说明电感器绝缘良好；如果有一定电阻值或阻值为零，则说明该电感内部有短路。该法适合粗略、快速测量电感是否烧坏。对色码电感器，只要能测出电阻值，就认为其质量无问题。

检测中周变压器时，按照中周变压器的各绕组引脚排列规律，先用万用表 $R \times 1$ 挡逐一检查各绕组的通断情况，进而判断其是否正常。检测绝缘性能时，用万用表 $R \times 10 \ k$ 挡，分别测量原边绕组与副边绕组之间、原边绕组与外壳之间、副边绕组与外壳之间的阻值，如阻值为"∞"，说明质量良好；如阻值为零，说明内部存在短路故障；如阻值介于"∞"与"0"之间，说明绝缘性能较差，有漏电故障。

二、电容器

电容器即用来储存电荷的容器，简称电容，是电路的基本元件之一。电容器的应用非常广泛，在电力系统中，用于提高电力系统的功率因数；在电子技术中，用于滤波、耦合、隔直、旁路、选频等；在机械加工工艺中，用于进行电火花加工。

1. 电容器的型号组成

根据国家标准，电容器的型号命名由四部分内容组成，如图 2-5 所示。其中第三部分作为补充说明电容器的某些特征，如无说明则省略。大部分电容器的型号由三部分组成。

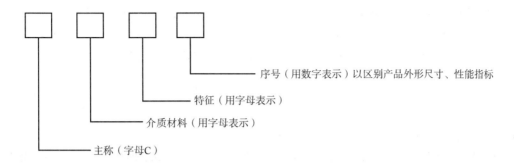

图 2 – 5　电容器的型号命名方法

2. 电容器的结构、符号及参数

1）结构

电容器的种类很多，但其基本结构和工作原理相同。绝缘介质将两块相距很近的金属极板隔开，两个极板各引出一个引脚，再用外壳封装就构成了一个电容器。

电容器的基本结构如图 2 – 6 所示。

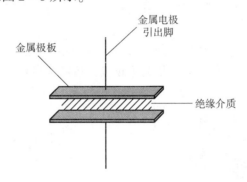

图 2 – 6　电容器的结构示意图

2）符号

电容器的一般电路符号如图 2 – 7 所示。

（a）普通电容器　　　　　　　　　（b）有极性电容器

图 2 – 7　电容器的符号

3）主要参数

（1）标称容量。

电容量是电容器的基本参数，电容量的大小取决于电容器自身的结构。电容量的 SI 单位是法拉（F），常用单位有毫法（mF）、微法（μF）、纳法（nF）和皮法（pF），实际应用中，μF 和 pF 用得较多。$1\ F = 10^3\ mF = 10^6\ \mu F = 10^9\ nF = 10^{12}\ pF$。

不同类别的电容器有不同系列的标称值。固定电容器的标称容量系列与电阻器采用的系列相同，即有 E6、E12、E24 系列。

（2）允许偏差。

允许偏差反映了标称容量与实际容量之间的误差。常用的有 ±5%、±10%、±20%，一般

63

电解电容器的精度较低,允许偏差通常大于无极性电容器的误差,即大于±20%。

(3)额定电压。

当电容量确定后,电容器储存电荷的多少取决于其两端外加电压的高低。由式(2-4)决定,即

$$C = \frac{Q}{U} \tag{2-4}$$

式中:Q为电容器内部储存的电荷量;U为电容器两端的电压。

额定电压习惯上称为"耐压",是指电容器长时间工作而不致损坏电介质的直流电压数值。实际使用时,如果所加电压超过了额定电压,可导致电容器损坏,甚至造成电容器击穿短路。

3. 电容器的分类

电容器按容量是否可变,可分为固定电容、可变电容和微调电容;按电介质的不同,可分为涤纶电容、聚丙烯电容、瓷介电容、纸介电容、云母电容、玻璃釉电容、电解电容、空气介质电容等;按工作频率的大小,可分为低频电容和高频电容;按用途不同,可分为耦合电容、滤波电容、旁路电容、谐振电容、微分电容等。几种电容器的实物外形如图2-8所示。

电容器的外形有长方形、圆片形、圆柱形等。普通电容器的两个引脚,不分正、负极。但电解电容器的两个引脚有正负之分,长的为正极,短的为负极,不能接反。

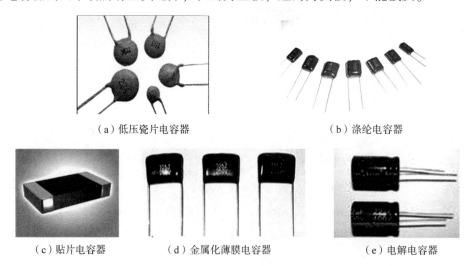

（a）低压瓷片电容器　　　　　　　　　　（b）涤纶电容器

（c）贴片电容器　　　（d）金属化薄膜电容器　　　（e）电解电容器

图2-8　电容器的实物外形

4. 电容器的特性

电容器是储能元件,理想电容器不消耗电能,只要不让它放电,电荷就一直储存在电容器中。实际电容器存在能量损耗。在分析电容器电路时,一般不考虑电容器的能量损耗。

电容器对交流电的阻碍作用叫容抗,用X_C表示,单位为Ω。容抗X_C表示为

$$X_C = \frac{1}{2\pi f C} \tag{2-5}$$

式中：f 为交流电的频率；C 为电容器的容量。

由式（2-5）可知，电容器的容量一定时，容抗与频率成反比。频率越高容抗越小，频率越低容抗越大，即"通高频、阻低频"；若信号频率一定，容量越大容抗越小，容量越小容抗越大。

电容器两端的电压不能突变是电容器的另一基本特性。当电容器没有充电时，内部无电荷，两端电压为 0，随着充电的进行，电容器中电荷越来越多，两端电压越来越高，而电容器的充电是一个渐进的过程，在电容器刚充电的一瞬间，电容器两端的电压不能发生突变。同样，在放电瞬间，电容电压也不能突变。

5. 电容器的连接

在实际使用电容器时，往往会遇到单个电容器的规格（容量和耐压值）不能满足电路要求的情况。这时，可以把几个电容器串联或并联使用，以适应电路的要求。

1）电容器的串联

图 2-9 所示为两个电容器的串联示意图。电容器串联时，每个电容器都带有等量的电荷，而各电容器两端的电压则不一定相同。总电压等于各电压之和，即

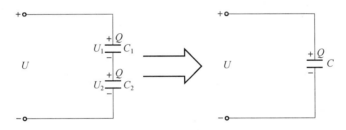

图 2-9 电容器串联

$$U = U_1 + U_2 = \frac{Q}{C_1} + \frac{Q}{C_2} = Q\left(\frac{1}{C_1} + \frac{1}{C_2}\right)$$

而

$$U = \frac{Q}{C}$$

所以

$$\frac{1}{C} = \frac{1}{C_1} + \frac{1}{C_2} \tag{2-6}$$

电容器串联之后，相当于增加了两个极板之间的距离，故总电容小于每个电容器的电容，但是耐压能力提高了，所以要承受较高的电压时，可以把电容器串联起来。

2）电容器的并联

图 2-10 是两个电容器的并联示意图。电容器并联时，加在每个电容器上的电压是相同的，而各电容器所充的电荷量不一定相同。

$$\begin{cases} Q_1 = C_1 U \\ Q_2 = C_2 U \end{cases}$$

两个电容器所充的总电荷量为

$$Q = Q_1 + Q_2$$

$$\begin{cases} Q_1 = C_1 U \\ Q_2 = C_2 U \end{cases}$$

两个电容器并联后的总电容为

$$C = \frac{Q}{U} = \frac{Q_1 + Q_2}{U} = \frac{C_1 U + C_2 U}{U}$$

即

$$C = C_1 + C_2 \qquad\qquad (2-7)$$

电容器并联之后，相当于增加了两个极板之间的正对面积，故总电容大于每个电容器的电容，但是耐压能力并没有提高。在需要较大电容时，可以把电容器并联起来。

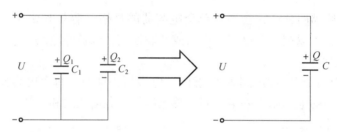

图 2 – 10　电容器并联

6. 电容的识别和检测

1）电容的识别

（1）直标法。

在电容器上直接标出容量、偏差、耐压等，如图 2 – 11 所示。也可采用省略单位的直标法。如果是整数，单位为 pF；如果是小数，则单位为 μF。如图 2 – 12 所示，2 200 表示电容量为 2 200 pF；0.01 表示电容量为 0.01 μF。

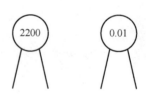

图 2 – 11　电容器的直标法

图 2 – 12　省略单位的直标法

（2）三位数表示法。

前两位表示有效数字，第三位表示倍率（10^n），若第三位数字是 9，表示倍率为 10^{-1}，基本标注单位是 pF，后续字母表示允许偏差，如图 2 – 13 所示。

例如，223J 表示电容量为 22×10^3 pF = 22 000 pF = 0.022 μF，允许偏差为 ±5%；又如，105K 表示电容量为 10×10^5 pF = 1 μF，允许偏差为 ±10%。

（3）文字符号法。

用数字和文字符号有规律的组合来表示容量。为节省空间，常用字母来表示小数点的位置。例如，p10 表示 0.1 pF，1p0 表示 1 pF，6p8 表示 6.8 pF，2μ2 表示 2.2 μF。

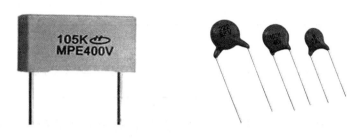

图 2 – 13 电容器的数码表示法

2）电容的检测

（1）用万用表电容挡直接检测。

某些数字万用表具有测量电容的功能，其量程分为 20n、200n、2μ、20μ、200μ 五挡。测量时可将已放电的电容两引脚直接插入面板上的 Cx 插孔，选取适当的量程后就可读取显示数据。将测量的实际容量与该电容的标称容量进行比较，若实际容量在额定误差范围内，说明该电容正常。若实际容量与标称容量相差较多，说明该电容已损坏。

（2）用万用表电阻挡估测。

适用于测量 1 μF 以上容量的电容器。将数字式万用表拨至合适的电阻挡，挡位选择的原则是：1 μF 的电容用 20 k 挡，1 μF ~ 100 μF 电容用 2k 挡，大于 100 μF 的用 200 挡。两表笔分别接触被测电容器 C_x 的两极，如果显示值从"000"开始逐渐增加，直至显示溢出符号"1"，表示电容正常。如果始终显示"000"，说明电容器内部短路；如果始终显示"1"，则电容器内部可能极间开路，也可能所选择的电阻挡不合适，可换挡重测。检查电解电容器时需要注意：红表笔接电容器正极，黑表笔接负极。

（3）用万用表的电阻挡判别电容器的极性。

普通电容引脚不分正负，未剪脚的电解电容，长引脚为正极、短引脚为负极。如果焊接后剪了引脚多余引线，拆下来的电解电容该如何判别其正负极呢？

具体方法：用万用表的 $R \times 10k$ 挡，红、黑表笔接触电容器的两引线，记住电阻值的大小（指针回摆并停下时所指示的阻值），然后把此电容器的正、负引线短接，将红、黑表笔对调后再测量一次。比较表针稳定时两次阻值读数的大小，读数较小时的那次，万用表的红表笔所接的是电容器的正极，黑表笔所接的是电容器的负极。这是因为电解电容反向漏电流比正向漏电流大的缘故。

⚙ **能力训练**

电感器与电容器的质量判别

一、仪器设备

（1）数字万用表：一块。

（2）待测电容和电感：各三个。

二、训练内容及步骤

（1）用万用表判别电感的好坏，根据测量数据，将判别结果和判别理由填入表 2 – 1 中。

表 2 – 1　电感器的检测

电感	L_1	L_2	L_3
好、坏			
判别理由			

（2）用万用表判别电容的好坏：根据测量数据，将判别结果和判别理由填入表 2 – 2 中。

表 2 – 2　电容器的检测

电容	C_1	C_2	C_3
好、坏			
判别理由			

任务测试

项目二　任务一
习题答案

（1）某电容器表面文字标注为 479 K，其表示的含义是电容量为（　　），允许偏差为（　　）。

A. 4.7 pF；±10%　　　　B. 0.047 F；±10%　　　　C. 479 F；±10%

（2）电阻是耗能元件，电感是储能元件，电容是（　　）元件。

A. 耗能　　　　　　　B. 储能　　　　　　　C. 视情况而定

（3）用数字式万用表电阻挡估测电容时，如果始终显示"000"，说明电容器（　　）。

A. 内部短路　　　　　B. 内部开路　　　　　C. 内部正常

（4）电容器具有（　　）特性。

A. 隔直通交　　　　　B. 隔交通直　　　　　C. 交直均通

（5）电感器具有（　　）特性。

A. 隔直通交　　　　　B. 隔交通直　　　　　C. 交直均隔

（6）两电容器 C_1 和 C_2 并联时，总电容 $C =$（　　）。

A. $C_1 + C_2$　　　　　B. $C_1 C_2 / (C_1 + C_2)$　　　　C. $C_1 C_2$

（7）电解电容器的两个引脚，长的为（　　）。

A. 正极　　　　　　　B. 负极　　　　　　　C. 不分正负

（8）需要得到较大电容量时，可以把几个电容器（　　）。

A. 串联　　　　　　　B. 并联　　　　　　　C. 混联

（9）电容器在直流稳态电路中相当于（　　）。

A. 开路　　　　　　　B. 短路　　　　　　　C. 依连接情况而定

（10）电感器在直流稳态电路中相当于（　　）。

A. 开路　　　　　　　B. 短路　　　　　　　C. 依连接情况而定

课外思考

（1）电容器和电感器各自应用于什么场合？

（2）电容器的容量标注方法有哪几种？

（3）电感器参数的标注方法有哪几种？

课外阅读

电感的 SI 单位是怎么来的？

电感单位 Henry（亨利）是以美国物理学家约瑟夫・亨利（Joseph Henry，1797—1878）的姓氏命名的。

人物简介

亨利 1797 年 12 月 7 日生于美国纽约州奥尔巴尼市，1822 年毕业于奥尔巴尼学院。1826 年被聘为奥尔巴尼学院物理学教授，1832 年被聘为新泽西学院（今普林斯顿大学）自然哲学教授，1846 年经国会推选任华盛顿史密松博物馆馆长，1867 年选为美国国家科学院第一任院长。

主要成就

亨利在物理学方面的主要成就是对电磁学的独创性研究。

1829 年，亨利改进电磁铁，用绝缘导线密绕在铁芯上，制成了能提起近 1 吨重物的强电磁铁。同年，亨利发现了电流的自感现象。1832 年他发表了"在长螺旋线中的电自感"的论文，宣布发现了电的自感现象。

1830 年 8 月，亨利在实验中已经观察到了电磁感应现象，这比法拉第发现电磁感应现象早一年。但是没有及时发表这一实验成果，失去了发明权。他还发现了变压器工作的基本定律。

亨利还先于莫尔斯发明了电报机，并且成功地研究了长距离输送电力的问题。

亨利一生有许多创造发明，但他从不拿去申请专利，总是无偿地向社会公布。后人为了纪念亨利，电感的国际单位以亨利命名，简称"亨"。

任务二　双控照明电路的装接与检测

任务目标

知识目标

①懂得正弦交流电的基本概念；

②掌握正弦量三要素和相位差的概念；

③掌握正弦交流电的相量表示法；

④理解双控照明电路。

技能目标

①会根据正弦表达式画出波形；

②会进行同频率正弦量的比较；

③会写出正弦量的相量表达式；

④会识读双控照明电路图；

⑤会装接、检查双控照明电路；

⑥会排除简单的线路故障。

任务描述

通过正弦交流电的波形分析，学习正弦量的三要素，引出相位差的概念，说明其物理意义。通过复数描述，学习正弦交流电的相量表示方法。通过双控照明电路的装接与检测，对交流电路有初步认识。

任务分析

通过双控照明电路的装接与检测，学习照明电路的装接、分析与测量方法；学习照明线路的施工工艺和操作规范；学习检查线路与排除故障；基本达到初级电工的岗位要求。

任务学习

一、正弦交流电

交流电是指大小和方向随时间作周期性变化的电流。在工业生产和日常生活中，应用非常广泛的交流电是正弦交流电，即电动势、电压和电流随时间按正弦规律周期性变化。

1. 正弦量的三要素

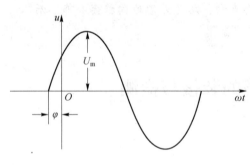

图 2 – 14　正弦交流电压波形

图 2 – 14 是正弦交流电压的波形，其数学表达式为 $u(t) = U_m \sin(\omega t + \varphi)$，其中，$U_m$ 为电压的幅值；ω 为角频率；φ 为初相角；它们分别是正弦交流电的三要素。知道这三个要素，就能将正弦交流电的函数表达式及波形图确定下来。

若已知幅值 $I_m = 10$ A，角频率 $\omega = 314$ rad/s，初相角 $\varphi = 15°$，则电流的函数表达式为 $i(t) = 10\sin(314t + 15°)$ A。由电流函数表达式可画出其对应的电流波形图。

1）瞬时值、最大值与有效值

（1）瞬时值。

正弦交流电在任一瞬间的值称为瞬时值，用小写字母来表示，如 e、u 及 i 分别表示电动势、电压及电流的瞬时值。

（2）最大值。

瞬时值中最大的值称为幅值、振幅或最大值，用带下标 m 的大写字母来表示，如 E_m、U_m 及 I_m 分别表示电动势、电压和电流的幅值。

（3）有效值。

在工程技术中需要用一个特定值表示周期电压、电流和电动势，这就是有效值。有效值是按能量等效的概念定义的。以电流为例，不论周期性变化的交流电流还是直流电流，只要它们在相等的时间里通过同一电阻而两者的热效应相等，它们的值就是等效的。

交流电流 i 在时间 T 内通过电阻 R 产生的热量为

$$Q = \int_0^T i^2 R \mathrm{d}t$$

直流电流 I 在同一时间 T 内通过同一电阻 R 产生的热量为

$$Q' = I^2 R T$$

由于热效应相等，$Q = Q'$，故

$$\int_0^T i^2 R \mathrm{d}t = I^2 R T$$

则有

$$I = \sqrt{\frac{1}{T}\int_0^T i^2 \mathrm{d}t} \tag{2-8}$$

式（2-8）是有效值的定义式。它表明，周期电流的有效值等于它的瞬时值的平方在一个周期内的平均值的平方根，因此，有效值又称为方均根值。

同样，周期电压的有效值为

$$U = \sqrt{\frac{1}{T}\int_0^T u^2 \mathrm{d}t} \tag{2-9}$$

对于正弦交流电来说，如果 $i = I_m \sin \omega t$，则其有效值为

$$I = \sqrt{\frac{1}{T}\int_0^T I_m^2 \sin^2 \omega t \mathrm{d}t} = \sqrt{\frac{1}{T}\int_0^T \frac{1}{2}I_m^2(1 - \cos 2\omega t)\mathrm{d}t} = \frac{1}{\sqrt{2}}I_m$$

则

$$I_m = \sqrt{2} I \tag{2-10}$$

式（2-10）表明，正弦交流电流的最大值是有效值的 $\sqrt{2}$ 倍，而与其频率和相位无关。同理，正弦交流电压相应有

$$U = \frac{U_m}{\sqrt{2}}$$

或

$$U_m = \sqrt{2} U \tag{2-11}$$

注意：式（2-8）和式（2-9）是计算交流电有效值的一般公式，而式（2-10）和式（2-11）只适用于计算正弦交流电。

在交流电路中，用交流电压表、交流电流表测量出来的电压、电流值一般情况下均为有效值。通常，工作在交流电路中的电气设备的额定电压、额定电流值也是有效值。元器件在交流电路中工作时，其耐压值应当按交流电压的最大值进行考虑。例如，民用电压 220 V 是

指有效值，最大电压值就是 $220\sqrt{2}$ V，即 311 V，在选择电容器的耐压值时就必须大于 311 V，考虑到交流电压的不稳定性及元器件的允许误差等因素，适当放有余量，可选择耐压为 400 V 的电容器，以保证电路可以长期稳定地工作。

2）频率与周期

正弦交流信号变化一次所需的时间称为周期，用 T 表示，单位为 s，正弦交流电每秒变化的次数称为频率，用 f 表示，单位为赫兹（Hz），简称赫。T 和 f 的相互关系为

$$f = \frac{1}{T} \tag{2-12}$$

频率是反映正弦交流电变化快慢的物理量。我国和大多数国家都采用 50 Hz 作为电力标准频率，由于在工业上应用广泛，常称为工频。有些国家（如美国、加拿大、挪威等）采用 60 Hz。

交流电每秒内变化的电角度称为角频率，用 ω 表示，单位是 rad/s。因为正弦交流量在一个周期内经过的角度为 2π 角弧度（360°）。故角频率为

$$\omega = 2\pi f = \frac{2\pi}{T} \tag{2-13}$$

若 $f = 50$ Hz，则 $\omega = 2\pi f = 314$ rad/s。

3）相位、初相位、相位差

（1）相位、初相位。

正弦表达式 $i(t) = I_m \sin(\omega t + \varphi)$ 中，$\omega t + \varphi$ 称为正弦量的相位或相位角，它反映了正弦量的变化进程。

$t = 0$ 时的相位 φ，称为初相位，简称初相。相位的单位为弧度（rad）或度（°）。

在正弦交流电的相位角中加减 2π，其函数值不变。所以，对于同一个时间起点而言，初相位的绝对值可以小于 π，也可以大于 π，通常规定 $-\pi \leqslant \varphi \leqslant \pi$。因此，当 $t = 0$ 时，如果正弦交流电的函数值为正，即 $\sin\varphi > 0$，其初相位 φ 是正角；反之，如果正弦交流电的函数值为负，即 $\sin\varphi < 0$，其初相位 φ 是负角。从图 2-15 可以看出，当 $t = 0$ 时，正弦交流电 i 的瞬时值为正，即 $\sin\varphi > 0$，此时，φ 是正角。

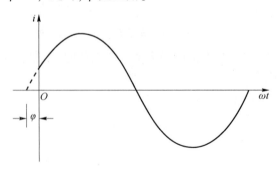

图 2-15　初相位不为零的正弦波

（2）相位差。

同频率的正弦量，其初相位和最大值不一定相同。例如，图 2-16 所示的正弦交流波形中，电压和电流的表达式分别为 $u = U_m \sin(\omega t + \varphi_u)$ 和 $i = I_m \sin(\omega t + \varphi_i)$，$u$ 和 i 的初相位分别为 φ_u 和 φ_i，u 与 i 的相位差为

$$\varphi = (\omega t + \varphi_u) - (\omega t + \varphi_i) = \varphi_u - \varphi_i \qquad (2-14)$$

由此可见,同频率正弦交流电的相位之差等于它们的初相位之差,与时间无关,是一个固定值。如果时间起点不同,则电压的初相位和电流的初相位将随着改变,但相位差不变。

设 u、i 两个正弦交流量的频率相同,相位差 $\varphi = \varphi_u - \varphi_i$,若 $\varphi > 0$,说明 $\varphi_u > \varphi_i$,则 u 比 i 先到达最大值(或零点),称电压 u 超前电流 i 一个相位角 φ。若 $\varphi < 0$,说明电压 u 的相位滞后于电流 i 的相位一个角度 φ。若 $\varphi = 0$,表示 $\varphi_u = \varphi_i$,即 u 与 i 相位相同,称为同相。若 $\varphi = \pm\pi$,表示 u 与 i 反相。若 $\varphi = \pm\dfrac{\pi}{2}$,表示 u 与 i 正交。在图 2-17 中,i_1 与 i_2 同相,与 i_3 反相。

需要注意的是,不同频率的两个正弦量之间的相位差不是一个固定值,而是随时间变化的。

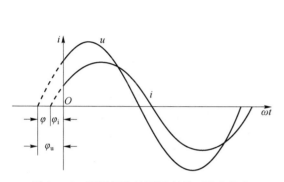

图 2-16　不同相位的同频率的正弦交流电

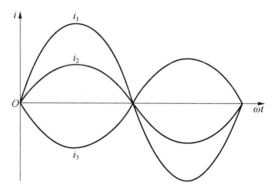

图 2-17　同相和反相的正弦波

二、正弦量的相量表示法

1. 正弦量的相量表示法

正弦交流电可以用函数表达式和正弦波形来表示。它们都完整地反映了交流电的幅值、频率及初相位三个要素。正弦交流电还可以用相量来表示。正弦交流电信号采用相量表示,可使正弦交流电路的分析计算大为简化。

相量表示法的基础是复数,就是用复数来表示正弦量。所以,首先复习有关复数的基本知识。

在直角坐标系中,若以横轴为实数轴,用 $+1$ 表示;纵轴为虚数轴,用 $+j$ 表示,则坐标系所在平面称为复数平面。任何一个复数矢量,可在复数平面上用横坐标为 a_1、纵坐标为 a_2 的点来表示,其表达式为

$$\dot{A} = a_1 + ja_2 \qquad (2-15)$$

式(2-15)称为复数矢量 $\dot{A}$ 的代数式。其中,a_1 为复数的实部;a_2 为复数的虚部;$j = \sqrt{-1}$ 为虚数的单位。

复平面上的任意一点也可用复数矢量来表示,如图 2-18 所示。

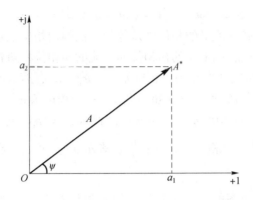

图 2 – 18　复数平面

复数矢量和横轴正方向的夹角为 ψ，称为复数矢量的辐角；它的长度为 A，称为复数矢量 $\dot{A}$ 的模。由此，任一复数矢量也可表示为

$$\dot{A} = A(\cos\psi + \mathrm{j}\sin\psi) \qquad (2-16)$$

此式称为复数矢量 $\dot{A}$ 的三角式，其中

$$A = \sqrt{a_1^2 + a_2^2} \qquad (2-17)$$

称为复数矢量的模。

$$\psi = \arctan\frac{a_2}{a_1} \qquad (2-18)$$

称为复数矢量的幅角。

根据欧拉公式

$$\cos\varphi = \frac{\mathrm{e}^{\mathrm{j}\varphi} + \mathrm{e}^{-\mathrm{j}\varphi}}{2}\ ,\ \sin\varphi = \frac{\mathrm{e}^{\mathrm{j}\varphi} - \mathrm{e}^{-\mathrm{j}\varphi}}{2\mathrm{j}}$$

则

$$\mathrm{e}^{\mathrm{j}\varphi} = \cos\varphi + \mathrm{j}\sin\varphi$$

可以将式（2 –16）改写成

$$\dot{A} = A\mathrm{e}^{\mathrm{j}\psi} \qquad (2-19)$$

和

$$\dot{A} = A\ \underline{/\psi} \qquad (2-20)$$

此两式分别称为复数矢量的指数式和极坐标式。

上述复数矢量的四种表达式可以互相转换。在复数运算中，加减法用代数式，乘除法用指数式或极坐标式较为方便。

复数既然可以表示矢量，因此也可以表示正弦量。把表示正弦量的复数矢量称为相量。

令 $\varphi = (\omega t + \psi)$，则式 $\mathrm{e}^{\mathrm{j}\varphi} = \cos\varphi + \mathrm{j}\sin\varphi$ 可表示为

$$\mathrm{e}^{\mathrm{j}(\omega t + \psi)} = \cos(\omega t + \psi) + \mathrm{j}\sin(\omega t + \psi)$$

两边同乘以 I_m，得

$$I_\mathrm{m}\mathrm{e}^{\mathrm{j}(\omega t + \psi)} = I_\mathrm{m}\cos(\omega t + \psi) + \mathrm{j}I_\mathrm{m}\sin(\omega t + \psi)$$

用 Re 表示取复指数函数的实部，Im 表示取复指数函数的虚部，故

$$\text{Re}\left[I_m e^{j(\omega t+\psi)}\right] = I_m\cos(\omega t+\psi) = \sqrt{2}I\cos(\omega t+\psi)$$

$$\text{lm}\left[I_m e^{j(\omega t+\psi)}\right] = I_m\sin(\omega t+\psi) = \sqrt{2}I\sin(\omega t+\psi)$$

则任一正弦交流电流可表示为

$$i(t) = I_m\sin(\omega t+\psi) = \text{Im}\left[I_m e^{j(\omega t+\psi)}\right]$$

$$= \text{Im}\left[(\sqrt{2}I e^{j\psi})e^{j\omega t}\right] = \sqrt{2}\text{Im}\left[\dot{I}e^{j\omega t}\right] \tag{2-21}$$

式（2-21）中 $e^{j\omega t}$ 称为时间因子，由正弦交流电路的角频率 ω 决定。由于同一正弦交流电路的角频率相同，所以表示同一正弦交流电路的电量时可舍去时间因子，即表示正弦量的三要素中，只需要考虑振幅（或有效值）与初相位两个要素即可。

式（2-21）中 $\dot{I}$ 称为有效值相量，即

$$\dot{I} = I e^{j\psi} = I\underline{/\psi} \tag{2-22}$$

相量 $\dot{I}$ 的模 I 为正弦交流电流的有效值，幅角 ψ 为正弦交流电流的初相位。

同理，对任一正弦交流电压，有效值相量为

$$\dot{U} = U e^{j\psi_u} = U\underline{/\psi_u} \tag{2-23}$$

也可用幅值相量来表示任一正弦量，即

$$\dot{I}_m = I_m e^{j\psi} = I_m\underline{/\psi}, \dot{U}_m = U_m e^{j\psi_u} = U_m\underline{/\psi_u}$$

若要写出各正弦交流电量的函数式，只需将式（2-22）或式（2-23）乘以时间因子 $e^{j\omega t}$ 后再变换成相量的三角式，并取虚数部分即可。所以，正弦交流电量采用相量表示时可使正弦交流电路的分析计算大为简化，这是相量表示法的显著优点。

如正弦量 $i(t) = 10\sin(314t+15°)\text{A}$，可用有效值相量表示为 $\dot{I} = \dfrac{10}{\sqrt{2}}\underline{/15°}\text{A}$，也可表示为幅值相量 $\dot{I}_m = 10\underline{/15°}\text{A}$。

若已知电压相量表达式为 $\dot{U} = 200\sqrt{2}\underline{/\dfrac{\pi}{4}}\text{V}$，则其幅值为 $U_m = 200\sqrt{2}\times\sqrt{2} = 400(\text{V})$，初相位为 $\pi/4$，其瞬时表达式为 $u = 400\sin\left(\omega t+\dfrac{\pi}{4}\right)\text{V}$。

若已知电流的相量表达式为 $\dot{I}_m = 7\underline{/45°}\text{A}$，其幅值 $I_m = 7\text{A}$，初相位为 45°，瞬时表达式为 $i = 7\sin(\omega t+45°)\text{A}$。

2. 用相量法计算正弦量

相量分析法就是将同频率的正弦量变换为相应的相量式，使正弦交流电路的分析计算得到简化，相量在复平面上的几何表示称为相量图。相量法包括两方面的内容：一是相量解析法，即应用复数的四则运算计算正弦交流电路；二是相量图法，即把每个频率相同的正弦交流电量的大小和相位关系清晰地画在复平面上，并借助相量图的几何关系计算出待求量。应该指出，用复数表示正弦量是一种数学变换，正弦量不等于相量。相量法只是分析计算正弦交流电路的一种数学方法。

正弦交流电量的相量计算原则：①同频率的正弦量才能用相量计算；②相量的模通常用有效值表示；③画相量图时，选一个正弦相量为参考量，根据其他相量与参考相量的相位差

画出相量图。

[**例 2 - 1**] 如图 2 - 19 所示, 已知两电流的相量表达式分别为 $\dot{I}_1 = (4 - j3)\text{A}$、$\dot{I}_2 = (-4 + j3)\text{A}$, 试写出它们所表示的正弦电流瞬时值表达式, 画出相量图, 并求 $i = i_1 + i_2$。

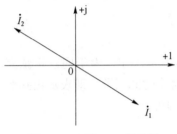

图 2 - 19　例 2 - 1 相量图

解: 由 $\dot{I}_1 = (4 - j3)\text{A}$ 可知, $\dot{I}_1 = 5 \underline{/\arctan \dfrac{-3}{4}} = 5 \underline{/-36.9°}$ A

则其瞬时表达式为 $i_1 = 5\sqrt{2}\sin(\omega t - 36.9°)\text{A}$

由 $\dot{I}_2 = (-4 + j3)\text{A}$ 可知, $\dot{I}_2 = 5 \underline{/\arctan \dfrac{3}{-4}} = 5 \underline{/143.1°}$ A,

则其瞬时表达式为 $i_2 = 5\sqrt{2}\sin(\omega t + 143.1°)\text{A}$。

由 $\dot{I} = \dot{I}_1 + \dot{I}_2 = 4 - j3 - 4 + j3 = 0$ 可得: $i = i_1 + i_2 = 0$。

能力训练

双控照明灯的装接与测试。

一、仪器设备

(1) 实训工作台 (含三相电源、常用仪表等): 一台。

(2) 双联开关: 两个。

(3) 白炽灯 (25 W): 一盏。

(4) 导线: 若干。

(5) 常用电工工具: 一套。

(6) 数字万用表: 一只。

二、训练内容及步骤

图 2 - 20 所示为日常生活中常见的家庭内部用双联开关两地控制同一盏灯的照明电路图。电路由 220 V 交流电源、双联开关、白炽灯等器件组成。

(1) 按图 2 - 20 所示电路准备好所需的元器件。

所用导线的额定电压应大于线路的工作电压, 导线的绝缘应符合线路的安装方式和敷设环境的条件。导线的截面积应满足供电安全电流和机械强度的要求, 一般家用照明线路选用 1.5 mm² 的铜芯绝缘导线较为适合。

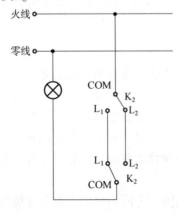

图 2 - 20　双控照明电路

（2）用万用表测量开关和白炽灯的电阻大小，判断它们的好坏。

（3）根据工艺要求按照电路图明线装接线路。

工艺要求："横平竖直，拐弯成直角，少用导线少交叉，多线并拢一起走"。即布线时保证横向导线水平、竖向导线垂直，直角拐弯，不能倾斜，避免交叉，同一方向有多条导线时，要并拢扎牢，保证线路布置正规、合理、整齐和牢固。

（4）用万用表检查线路情况。电源总开关断开，将数字式万用表置于 2 kΩ 挡，两表笔分别置于实验台电源开关下方的火线和零线上，如果读数为零，说明线路有直接短路故障，要立刻找出短路点；如果读数显示无穷大，按下开关 K_1 或 K_2，能测量到白炽灯的电阻值，则表明火线到白炽灯的线路没有问题。

（5）通过上述检查无误后，合上电源总开关，接通电源，依次按下 K_1、K_2 观察白炽灯的发光情况，确认能够实现两地控制同一盏灯的功能。

（6）通电完毕，切断电源。

（7）拆除电路，所有器件和工具复位。

三、注意事项

（1）要分清实训台上电源的火线和零线，开关必须接在火线上。

（2）通电前，应认真检查线路，防止发生短路故障。

（3）通电必须经教师检查同意后方可进行操作。

预习思考

（1）双控开关是如何控制电路通断的？接线时要注意什么问题？

（2）布线时应按照什么原则进行？

任务测试

项目二　任务二
习题答案

（1）已知一正弦表达式为 $u = 12\sin\left(314t + \dfrac{\pi}{6}\right)$ V，该正弦量的三要素振幅、频率和初相分别是（　　）。

A. 12 V，50 Hz，π/6　　B. 12 V，314 Hz，π/6　　C. $6\sqrt{2}$ V，50 Hz，π/6

（2）已知两正弦量的表达式分别为 $u = 12\sin\left(314t + \dfrac{\pi}{6}\right)$ V 和 $i = 2\sin\left(314t + \dfrac{\pi}{3}\right)$ A，则电压 u 超前电流 i（　　）。

A. −π/6　　　　　　　B. π/6　　　　　　　C. π/2

（3）已知两正弦量的表达式分别为 $u = 3\sin\left(314t + \dfrac{\pi}{6}\right)$ V 和 $i = 8\sin\left(314t - \dfrac{\pi}{3}\right)$ A，则电压 u 和电流 i 的相位关系是（　　）。

A. 同相　　　　　　　B. 反相　　　　　　　C. 正交

（4）已知正弦量的表达式为 $u = 10\sqrt{2}\sin\left(314t + \dfrac{\pi}{6}\right)$ V，相量表达式中（　　）是错误的。

A. $\dot{U} = 10\; \underline{/\dfrac{\pi}{6}}\;$V $\qquad$ B. $\dot{U}_{\mathrm{m}} = 10\sqrt{2}\; \underline{/\dfrac{\pi}{6}}\;$V $\qquad$ C. $\dot{U}_{\mathrm{m}} = 10\sqrt{2}\; \underline{/\left(\dfrac{\pi}{6}+314t\right)}\;$V

（5）已知一正弦量的相量表达式为：$\dot{U} = 5\; \underline{/\dfrac{\pi}{2}}\;$V，则其瞬时表达式为（　　）。

A. $u = 5\sin\left(314t + \dfrac{\pi}{2}\right)$V

B. $u = 5\sqrt{2}\sin\left(314t + \dfrac{\pi}{2}\right)$V

C. $u = 5\sqrt{2}\sin\left(\omega t + \dfrac{\pi}{2}\right)$V

（6）已知两同频率正弦量的相量表达式分别为：$\dot{U} = 5\; \underline{/-\dfrac{\pi}{2}}\;$V 和 $\dot{I} = 3\; \underline{/-\dfrac{\pi}{4}}\;$A，则其相位关系是（　　）。

A. 电压超前电流 π/4 $\qquad$ B. 电流超前电压 π/4 $\qquad$ C. 电压超前电流 3π/4

（7）关于正弦量与相量的关系，以下说法中（　　）是正确的。

A. 任意一个正弦量都可以用相量来表示

B. 对一个正弦量来说，其相量等于正弦量

C. 两个不同频率的正弦量，其相量可以画在同一个相量图上

（8）要比较两正弦信号的相位差，必须是（　　）频率的信号才行。

A. 相同 $\qquad$ B. 不同 $\qquad$ C. 任意

（9）正弦波的最大值是有效值的（　　）倍。

A. $\dfrac{1}{\sqrt{2}}$ $\qquad$ B. $\sqrt{2}$ $\qquad$ C. $2\sqrt{2}$

（10）已知一正弦量 $i = 7.07\sin(314t - 30°)$A，则该正弦电流的有效值是（　　）A。

A. 7.07 $\qquad$ B. 5 $\qquad$ C. 10

（11）已知某正弦电压的频率 $f = 50$ Hz，初相角 $\varphi = 30°$，有效值为 100 V，则其瞬时表达式为（　　）。

A. $u = 100\sin(50t + 30°)$V

B. $u = 141.4\sin(50t + 30°)$V

C. $u = 141.4\sin(100t + 30°)$V

（12）实际应用的交流电流表和交流电压表测量的都是交流电的（　　）值。

A. 最大值 $\qquad$ B. 有效值 $\qquad$ C. 瞬时值

（13）已知 $i_1 = 10\sin(314t + 90°)$A，$i_2 = 10\sin(628t + 30°)$A，则（　　）。

A. i_1 超前 i_2 为 60° $\qquad$ B. i_1 滞后 i_2 为 60° $\qquad$ C. 相位差无法判别

（14）一个电热器，接在 10 V 的直流电源上，产生的功率为 P。把它改接在正弦交流电源上，使其产生的功率为 $P/2$，则正弦交流电源电压的最大值为（　　）。

A. 7.07 V $\qquad$ B. 5 V $\qquad$ C. 10 V

课外阅读

焦耳—楞次定律是如何产生的?

1840 年 12 月, 焦耳在英国皇家学会上宣读了关于电流生热的论文, 提出电流通过导体产生热量的定律; 由于不久э. х. 楞次也独立地发现了同样的定律, 从而被称为焦耳—楞次定律。

人物简介

詹姆斯·普雷斯科特·焦耳 (James Prescott Joule, 1818 年 12 月 24 日至 1889 年 10 月 11 日), 出生于曼彻斯特近郊的沙弗特, 英国物理学家, 英国皇家学会会员。

由于焦耳在热学、热力学和电方面的贡献, 皇家学会授予他最高荣誉的科普利奖章 (Copley Medal)。后人为了纪念他, 把能量或功的单位命名为 "焦耳", 简称 "焦"; 并用焦耳姓氏的第一个字母 "J" 来标记热量以及 "功" 的物理量。

主要成就

焦耳发现了导体电阻、通过导体电流及其产生热能之间的关系, 即 $Q = I^2RT$ (J) 或 $Q = 0.24I^2RT$ (kcal), 也就是常称的焦耳定律。

焦耳在研究热的本质时, 发现了热和功之间的转换关系, 并由此得到了能量守恒定律, 最终发展出热力学第一定律。

焦耳的主要贡献是他钻研并测定了热和机械功之间的当量关系。这方面研究工作的第一篇论文 "关于电磁的热效应和热的功值", 是 1843 年在英国《哲学杂志》第 23 卷第 3 辑上发表的。

1852 年焦耳和 W. 汤姆孙 (即开尔文) 合作研究了温度的绝对尺度, 发现气体自由膨胀时温度下降的现象, 被称为焦耳—汤姆孙效应。这一效应在低温和气体液化方面有广泛应用。焦耳还观测过磁致伸缩效应, 对蒸汽机的发展也作了不少有价值的工作。

课后练习

(1) 一个工频正弦电压的幅值为 311 V, 在 $t = 0$ 时的值为 -155.5 V, 写出瞬时表达式。

(2) 已知两正弦量 $i(t) = 10\sin(314t + 15°)$ A、$u(t) = 120\sin(314t + 45°)$ V, 求 i 比 u 超前多少相位角? 要达到正的最大值, 各自需要多少时间?

(3) 三个同频率的正弦电压 u_1、u_2、u_3 的最大值分别为 200 V、180 V 和 260 V, 若 u_1 超前 u_2 为 $\pi/4$, 滞后 u_3 为 $2\pi/3$, 试以 u_3 为参考正弦量, 写出三个电压的瞬时表达式。

(4) 已知 $i_1(t) = 10\sin(314t + 30°)$ A、$i_2(t) = 16\cos(314t + 60°)$ A, i_1 和 i_2 的相位差是 $-30°$ 吗? 为什么?

任务三 日光灯电路的装接与特性测试

任务目标

知识目标

①掌握相量形式的欧姆定律；

②掌握相量形式的基尔霍夫定律；

③理解功率因数的含义；

④掌握提高功率因数的方法；

⑤理解谐振的概念；

⑥理解 RLC 谐振电路的特性。

技能目标

①会画正弦量的相量图；

②会用相量形式的欧姆定律进行计算；

③会用相量形式的基尔霍夫定律分析电路；

④会提高功率因数的方法；

⑤会判别电路是否谐振；

⑥会装接、检测日光灯电路。

任务描述

通过日光灯电路的连接与测试，掌握正弦交流电路中电压与电流的相量关系，学会使用交流电压表、交流电流表和功率表，掌握日光灯电路交流电压、电流、功率的测试方法，理解电路功率因数的概念，掌握提高功率因数的方法。

任务分析

熟练进行日光灯电路的连接，借助常用电工仪表测量交流电压、电流和功率。掌握常用电工仪表和电路测试的操作规范，通过实际操作加深对相量形式的基尔霍夫定律和欧姆定律的理解，学会提高功率因数的方法。

任务学习

一、基尔霍夫定律的相量形式

1. 基尔霍夫电流定律的相量形式

根据基尔霍夫电流定律，在正弦电路中，对于任一节点，在任何时刻，流过该节点的各

支路电流的代数和等于零，即

$$\sum_{k=1}^{n} i_k(t) = 0$$

而同一电路中所有的电流都是同频率 ω 的正弦量，则有

$$i_k(t) = \mathrm{Im}[\sqrt{2}\,\dot{I}_k \mathrm{e}^{\mathrm{j}\omega t}]$$

代入 KCL 方程中得到

$$\sum_{k=1}^{n} i_k(t) = \sum_{k=1}^{n} \mathrm{Im}[\sqrt{2}\,\dot{I}_k \mathrm{e}^{\mathrm{j}\omega t}] = 0$$

由于上式适用于任何时刻 t，其相量关系也必须成立，即

$$\sum_{k=1}^{n} \dot{I}_k = 0 \tag{2-24}$$

式（2-24）为 KCL 定律的相量形式。对于正弦电路中的任一节点，流过该节点的各支路电流相量的代数和等于零。

需要注意的是，在正弦电路中，流出或流入任一节点的全部电流有效值的代数和并不一定等于零。

[例2-2]　电路如图2-21（a）所示，$i_1(t) = 20\sqrt{2}\sin(\omega t + 60°)\mathrm{A}$，$i_2(t) = 10\sqrt{2}\sin(\omega t - 90°)\mathrm{A}$，试求电流 $i(t) = i_1(t) + i_2(t)$ 及其有效值相量。

解：①根据图2-21（a）所示电路的时域模型，画出图2-21（b）所示的相量模型，（b）图中参考方向不变，用相量符号代替瞬时符号表示。各分支电流的有效值相量为

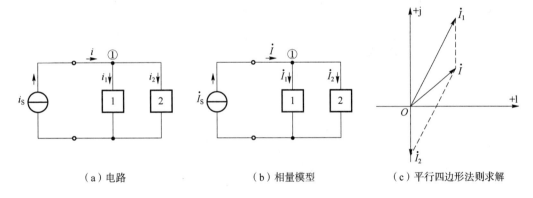

（a）电路　　　　　　　　（b）相量模型　　　　　　（c）平行四边形法则求解

图2-21　例2-2电路

$$\dot{I}_1 = 20\ \underline{/60°}\ \mathrm{A} \qquad \dot{I}_2 = 10\ \underline{/-90°}\ \mathrm{A}$$

②根据图2-21（b）中节点1的 KCL 方程的相量形式，可得

$$\dot{I} = \dot{I}_1 + \dot{I}_2 = 20\ \underline{/60°}\ \mathrm{A} + 10\ \underline{/-90°}\ \mathrm{A}$$

$$= 20(\cos 60° + \mathrm{j}\sin 60°) + 10[\cos(-90°) + \mathrm{j}\sin(-90°)]$$

$$= (10 + \mathrm{j}17.32 - \mathrm{j}10)\mathrm{A} = (10 + \mathrm{j}7.32)\mathrm{A} = 12.4\ \underline{/36.2°}\ \mathrm{A}$$

③写出相应电流的瞬时表达式：$i(t) = 12.4\sqrt{2}\sin(\omega t + 36.2°)\mathrm{A}$

要特别注意的是，本题中 $I = 12.4\ \mathrm{A}$，$I_1 + I_2 = 20\ \mathrm{A} + 10\ \mathrm{A} = 30\ \mathrm{A}$，$I \neq I_1 + I_2$。

本题也可以用几何作图的方法求解。在复数平面上，画出已知的电流相量，再用相量运

算的平行四边形法则求得电流相量，如图 2 – 21（c）所示。相量图简单直观，虽然不够精确，但是可以用来检验复数计算的结果是否正确。

从相量图上可以很容易地看出电流 i 超前于电流 i_2，超前的角度为 $36.2° + 90° = 126.2°$。

2. 基尔霍夫电压定律的相量形式

根据基尔霍夫电压定律，在正弦电路中，对任一回路，在任何时刻，沿该回路所有支路的电压代数和等于零，即

$$\sum_{k=1}^{n} u_k(t) = 0$$

同样可以推得

$$\sum_{k=1}^{n} \dot{U}_k = 0 \tag{2 – 25}$$

式（2 – 25）为 KVL 定律的相量形式。对于正弦电路中的任一回路，沿该回路所有支路电压相量的代数和等于零。

需要注意的是，沿任一回路的所有支路电压有效值的代数和并不一定等于零。

[**例 2 – 3**] 在图 2 – 22 所示电路中，$u_1 = 10\sin(\omega t - 30°)\,\mathrm{V}$，$u_2 = 5\sin(\omega t + 120°)\,\mathrm{V}$。试写出相量 $\dot{U}_1$、$\dot{U}_2$，画出相量图，求 $u = u_1 + u_2$。

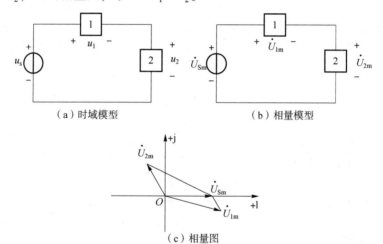

图 2 – 22　例 2 – 3 电路

解：①根据图 2 – 22（a）所示电路的时域模型，画出图 2 – 22（b）所示的相量模型，（b）图中参考方向不变，用相量符号代替瞬时符号表示。各元件的电压相量如下。

振幅相量为：　　$\dot{U}_{1m} = 10\,\angle{-30°}\,\mathrm{V}, \dot{U}_{2m} = 5\,\angle{120°}\,\mathrm{V}$。

有效值相量为：　　$\dot{U}_1 = \dfrac{10}{\sqrt{2}}\,\angle{-30°}\,\mathrm{V}, \dot{U}_2 = \dfrac{5}{\sqrt{2}}\,\angle{120°}\,\mathrm{V}$。

②对于图 2 – 22（b）所示相量模型中的回路，以顺时针方向为绕行方向，电压参考方向与顺时针方向一致时取正号，电压参考方向与顺时针方向相反时取负号。

根据 KVL 的相量形式 $-\dot{U}_{Sm} + \dot{U}_{1m} + \dot{U}_{2m} = 0$

求得 $\dot{U}_{Sm} = \dot{U}_{1m} + \dot{U}_{2m} = (10\ \underline{/-30°} + 5\ \underline{/120°})\,V$

　　　　$= (8.66 - j5 - 2.5 + j4.33)\,V = 6.19\ \underline{/-6.22°}\,V$

③写出相应的电压瞬时表达式为

$$u_S(t) = 6.19\sin(\omega t - 6.22°)\,V$$

值得注意的是，本题中的 $U_{Sm} = 6.19\,V$，$U_{1m} + U_{2m} = 15\,V$，$U_{Sm} \neq U_{1m} + U_{2m}$，$U_S \neq U_1 + U_2$。

本题也可以用相量图求解。在复数平面上，画出已知的电压相量，再用相量运算的平行四边形法则求得电压相量，如图2-22（c）所示，从相量图上便于看出各正弦电压的相位关系。

二、欧姆定律的相量形式

1. 电阻元件的伏安关系

线性电阻的电压与电流关系服从欧姆定律，关联参考方向下，有 $u(t) = i(t)R$。当通过电阻的电流 $i(t) = I_m\sin(\omega t + \varphi_i)$ 时，其端电压为

$$u(t) = U_m\sin(\omega t + \varphi_u) = Ri(t) = RI_m\sin(\omega t + \varphi_i)$$

即线性电阻的电压和电流是同频率的正弦量。其幅值（有效值）关系和相位关系为

$$U_m = RI_m \quad 或 \quad U = RI \tag{2-26}$$

$$\varphi_u = \varphi_i \tag{2-27}$$

线性电阻元件的时域模型如图2-23（a）所示，反映电压与电流瞬时值关系的波形如图2-23（b）所示，设 $\varphi_u = \varphi_i = 0°$。从图中可以看出，在任一时刻，电阻电压的瞬时值是电流瞬时值的 R 倍，电压与电流的相位相同。

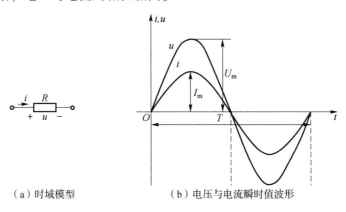

（a）时域模型　　　　　（b）电压与电流瞬时值波形

图2-23　电阻元件的电压与电流时域关系

由于电阻元件的电压和电流都是同频率的正弦量，可以用相量表示为

$$\dot{U}_R = U_R\ \underline{/\varphi_u}\,V;\ \dot{I} = I\ \underline{/\varphi_i}\,A$$

而

$$\frac{\dot{U}_R}{\dot{I}} = \frac{U_R\ \underline{/\varphi_u}}{I\ \underline{/\varphi_i}} = R\ \underline{/\varphi_u - \varphi_i} = R$$

由此得到线性电阻元件的相量形式的伏安关系为

$$\dot{U} = R\dot{I} \qquad\qquad (2-28)$$

式（2-28）包含模与相位两个关系，即 $U = RI$；$\varphi_u = \varphi_i$。

线性电阻元件的相量模型如图 2-24（a）所示，当 $\varphi_u = \varphi_i = 0°$ 时，反映电压与电流相量关系的相量图如图 2-24（b）所示，当 $\varphi_u = \varphi_i \neq 0°$ 时，反映电压与电流相量关系的相量图如图 2-24（c）所示。由图中可以看出，正弦交流电路中，电阻元件的电压和电流同相；电压的幅值（有效值）与电流的幅值（有效值）成正比，比值为 R。

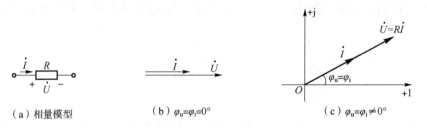

（a）相量模型 　　　　（b）$\varphi_u = \varphi_i = 0°$ 　　　　（c）$\varphi_u = \varphi_i \neq 0°$

图 2-24　电阻元件的电压与电流相量关系

2. 理想电感元件的伏安关系

在关联参考方向下，线性电感元件的电压和电流的相互关系为 $u(t) = L\dfrac{\mathrm{d}i}{\mathrm{d}t}$。

在正弦交流电路中，设电感电流 $i(t) = I_m \sin(\omega t + \varphi_i)$，则电感上的电压为

$$u(t) = U_m \sin(\omega t + \varphi_u) = L\frac{\mathrm{d}}{\mathrm{d}t}[I_m \sin(\omega t + \varphi_i)]$$

$$= \omega L I_m \cos(\omega t + \varphi_i) = \omega L I_m \sin(\omega t + \varphi_i + 90°)$$

即线性电感元件上的电压和电流是同频率的正弦量。其幅值（有效值）关系和相位关系为

$$U_m = \omega L I_m \quad \text{或} \quad U = \omega L I \qquad\qquad (2-29)$$

$$\varphi_u = \varphi_i + 90° \qquad\qquad (2-30)$$

电感元件的时域模型和波形如图 2-25 所示，假设 $\varphi_i = 0°$。从图中可以看出，电压超前于电流 90°。

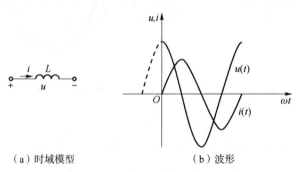

（a）时域模型 　　　　　　（b）波形

图 2-25　电感元件的电压与电流时域关系

由于电感元件的电压和电流都是同频率的正弦量，可以用相量表示为

$$\dot{U}_L = U_L \angle \varphi_u = U_L \angle(\varphi_i + 90°) \text{ V}$$

$$\dot{I} = I \angle \varphi_i \text{ A}$$

$$\frac{\dot{U}_{\mathrm{L}}}{\dot{I}} = \frac{U_{\mathrm{L}} \angle(\varphi_i+90°)}{I \angle\varphi_i} = \omega L \angle 90° = \mathrm{j}\omega L = \mathrm{j}X_{\mathrm{L}}$$

由此得到线性电感元件的相量形式的伏安关系为

$$\dot{U}_{\mathrm{L}} = \mathrm{j}X_{\mathrm{L}}\dot{I} \qquad (2-31)$$

式（2-31）包含模与相位两个关系，即 $U_{\mathrm{L}} = X_{\mathrm{L}}I$；$\varphi_u = \varphi_i + 90°$。

电感元件的相量模型和相量图如图 2-26 所示。

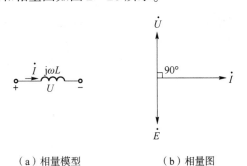

（a）相量模型　　　　　　　　（b）相量图

图 2-26　电感元件的电压与电流相量关系

由此可以看出，正弦交流电路中，电感元件的电压超前电感电流 $90°$；电压的幅值（有效值）与电流的幅值（有效值）成正比，比值为 X_{L}。

3. 理想电容元件的伏安关系

线性电容在电压和电流采用关联参考方向时，$i(t) = C\dfrac{\mathrm{d}u}{\mathrm{d}t}$。

当电容电压 $u(t) = U_{\mathrm{m}}\sin(\omega t + \varphi_u)$ 随时间按正弦规律变化时，有

$$i(t) = I_{\mathrm{m}}\sin(\omega t + \varphi_i) = C\frac{\mathrm{d}}{\mathrm{d}t}\big[U_{\mathrm{m}}\sin(\omega t + \varphi_u)\big]$$

$$= \omega C U_{\mathrm{m}}\cos(\omega t + \varphi_u) = \omega C U_{\mathrm{m}}\sin(\omega t + \varphi_u + 90°)$$

线性电容的电压和电流是同频率的正弦量。其幅值（有效值）关系和相位关系为

$$I_{\mathrm{m}} = \omega C U_{\mathrm{m}} \quad 或 \quad I = \omega C U \qquad (2-32)$$

$$\varphi_i = \varphi_u + 90° \qquad (2-33)$$

电容元件的时域模型和波形如图 2-27 所示，设 $\varphi_u = 0°$。从图中可以看出，电容电流超前于电容电压 $90°$。

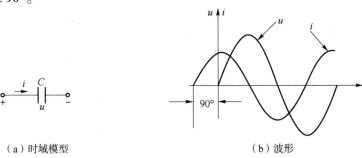

（a）时域模型　　　　　　　　（b）波形

图 2-27　电容元件的电压与电流时域关系

由于电容元件的电压、电流都是同频率的正弦量，可以用相量表示为

$$\dot{U}_C = U_C \angle{\varphi_u}\,; \qquad \dot{I} = I \angle{\varphi_i} = I \angle{(\varphi_u + 90°)}$$

$$\frac{\dot{U}_C}{\dot{I}} = \frac{U_C \angle{\varphi_u}}{I \angle{(\varphi_u + 90°)}} = \frac{1}{\omega C} \angle{-90°} = -j \frac{1}{\omega C} = -jX_C$$

由此得到线性电容元件的相量形式的伏安关系为

$$\dot{U}_C = -jX_C \dot{I} \qquad\qquad (2-34)$$

式（2-34）包含模与相位两个关系，即 $U_C = X_C I$；$\varphi_u = \varphi_i - 90°$。

电容元件的相量模型和相量图如图 2-28 所示。由此可以看出，在正弦交流电路中，电容电压滞后于电容电流 90°；电压的幅值（有效值）与电流的幅值（有效值）成正比，比值为 $\frac{1}{\omega C}$。

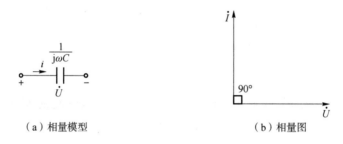

（a）相量模型　　　　　　　　（b）相量图

图 2-28　电容元件的电压与电流相量关系

[**例 2-4**] 已知通过电容 $C = 0.001$ F 的电流为 $i(t) = \sin(10t + 30°)$ A，求电容两端的电压 u。

解：$X_C = \dfrac{1}{\omega C} = \dfrac{1}{10 \times 0.001} = 100(\Omega)$

$$\dot{I}_m = 1 \angle{30°}\ \text{A}$$

$$\dot{U}_{Cm} = -jX_C \dot{I}_m = -j100 \angle{30°} = 100 \angle{-60°}(\text{V})$$

则　$u(t) = 100\sin(10t - 60°)$ V

4. 欧姆定律的相量形式

单一理想元件 R、L、C 的伏安关系分别为

$$\dot{U}_R = R\dot{I}_R\,; \qquad \dot{U}_L = jX_L\dot{I}_L\,; \qquad \dot{U}_C = -jX_C\dot{I}_C$$

R、L、C 的电压相量与电流相量之间的关系类似欧姆定律，且电压相量与电流相量之比是一个与时间无关的量。将电压相量与电流相量之比定义为阻抗，用大写字母 Z 表示，单位为 Ω，它是一个复数，表示理想元件阻碍电流的作用，即

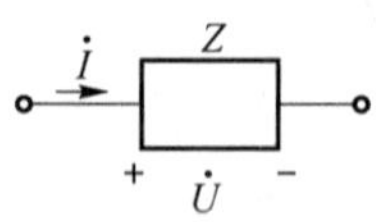

$$Z = \frac{\dot{U}}{\dot{I}}$$

引入阻抗后，任一元件或其串联形式均可用阻抗来表示，如

图 2-29　阻抗的相量模型　图 2-29 所示，其伏安关系可以用一个通式来表示，即

$$\dot{U} = Z\dot{I} \quad 或 \quad \frac{\dot{U}}{\dot{I}} = Z \tag{2-35}$$

式（2-35）称为欧姆定律的相量形式。

同样，R、L、C 元件的伏安相量关系也可以写成

$$\dot{I}_{R} = G\dot{U}_{R}; \frac{\dot{I}_{R}}{\dot{U}_{R}} = G$$

$$\dot{I}_{L} = \frac{1}{j\omega L}\dot{U}_{L}; \frac{\dot{I}_{L}}{\dot{U}_{L}} = \frac{1}{j\omega L} = -jB_{L}$$

$$\dot{I}_{C} = j\omega C\dot{U}_{C}; \frac{\dot{I}_{C}}{\dot{U}_{C}} = j\omega C = jB_{C}$$

式中：G 为电导；B_{L} 为电感的电纳，简称为感纳；B_{C} 为电容的电纳，简称为容纳。

由于 R、L、C 元件的电流相量与电压相量之比是一个与时间无关的量，将电流相量与电压相量之比定义为导纳，用大写字母 Y 表示，单位为西门子（S），它是一个复数，表示理想元件通过电流的能力，即

$$Y = \frac{\dot{I}}{\dot{U}}$$

引入导纳后，可以将以上关系式用一个式子来表示，即

$$\dot{I} = Y\dot{U} \quad 或 \quad \frac{\dot{I}}{\dot{U}} = Y \tag{2-36}$$

显然，同一个二端元件的阻抗与导纳互为倒数关系，即

$$Z = \frac{1}{Y} \quad 或 \quad Y = \frac{1}{Z} \tag{2-37}$$

将反映两类约束关系的 KCL、KVL 和二端元件 VCR 的时域和相量形式总结如表 2-3 所示。它们是相量法分析正弦稳态电路的基本依据。

表 2-3　KCL、KVL 和 VCR 的时域和相量形式

	时域形式	相量形式
基尔霍夫电流定律	$\sum\limits_{k=1}^{n} i_{k} = 0$	$\sum\limits_{k=1}^{n} \dot{I}_{k} = 0$
基尔霍夫电压定律	$\sum\limits_{k=1}^{n} u_{k} = 0$	$\sum\limits_{k=1}^{n} \dot{U}_{k} = 0$
电压源	$u_{S}(t) = \sqrt{2}U_{s}\sin(\omega t + \varphi_{u})$	$\dot{U}_{S} = U_{s}e^{j\varphi_{u}}$
电流源	$i_{S}(t) = \sqrt{2}I_{s}\sin(\omega t + \varphi_{i})$	$\dot{I}_{S} = I_{s}e^{j\varphi_{i}}$
电阻	$u = Ri \qquad i = Gu$	
电感	$u = L\dfrac{di}{dt} \qquad i = \dfrac{1}{L}\displaystyle\int_{-\infty}^{t} udt$	$\dot{U} = Z\dot{I} \qquad \dot{I} = Y\dot{U}$
电容	$i = C\dfrac{du}{dt} \qquad u = \dfrac{1}{C}\displaystyle\int_{-\infty}^{t} idt$	

[**例 2 – 5**] 在图 2 – 30 所示的 RL 串联电路中，$R = 6\ \Omega$，$L = 8\ \mu H$，$u_s(t) = 10\sin 10^6 t$ V，求电流 $i(t)$。

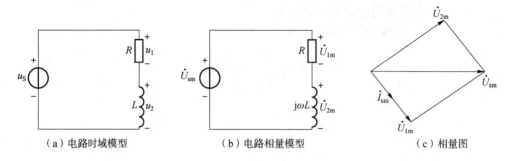

（a）电路时域模型　　　　　（b）电路相量模型　　　　　（c）相量图

图 2 – 30　例 2 – 5 图

解：①根据图 2 – 30（a）所示电路的时域模型，画出图 2 – 30（b）所示的相量模型，图中参考方向不变，用相量符号代替瞬时符号表示。求出电压相量及感抗

$$\dot{U}_{sm} = 10\ \angle 0°\ \text{V} = 10\ \text{V}$$

$$X_L = \omega L = 10^6 \times 8 \times 10^{-6} = 8(\Omega)$$

②根据 KVL、VCR 的相量形式得到

$$\dot{U}_{sm} = \dot{U}_{1m} + \dot{U}_{2m} = R\dot{I}_m + j\omega L\dot{I}_m = \dot{I}_m(R + j\omega L)$$

$$\dot{I}_m = \frac{\dot{U}_{sm}}{R + j\omega L} = \frac{10\ \angle 0°}{6 + j8} = \frac{10\ \angle 0°}{10\ \angle 53.1°} = 1\ \angle -53.1°\ \text{A}$$

③列出相应电流的瞬时值表达式，相量图如图 2 – 30（c）所示。

$$i(t) = \sin(10^6 t - 53.1°)\ \text{A}$$

由此图可以看出，电压 $u(t)$ 超前于电流 $i(t)$ 的角度为 53.1°，该电路为电感性电路。

[**例 2 – 6**] 电路如图 2 – 31（a）所示，已知 $R = 4\ \Omega$，$C = 0.1$ F，$u_s(t) = 20\sqrt{2}\sin \omega t$ V，$\omega = 5$ rad/s，试求电流 $i_1(t)$、$i_2(t)$、$i(t)$ 及其有效值相量。

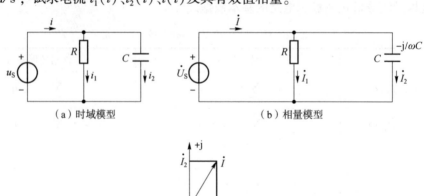

（a）时域模型　　　　　　　　　（b）相量模型

（c）相量图

图 2 – 31　例 2 – 6 图

解：①画出相量模型如图 2 – 31（b）所示。

②根据 *RLC* 元件 VCR 的相量形式计算出电流相量

$$\dot{I}_1 = \frac{\dot{U}_S}{R} = \frac{20 \angle 0^\circ}{4} \text{A} = 5 \angle 0^\circ \text{ A} = 5 \text{ A}$$

$$\dot{I}_2 = \frac{\dot{U}_s}{\dfrac{1}{j\omega C}} = \frac{20 \angle 0^\circ}{-j\dfrac{1}{5 \times 0.1}}\text{A} = \frac{20 \angle 0^\circ}{-j2}\text{A} = j10 \text{ A} = 10 \angle 90^\circ \text{ A}$$

根据 KCL 的相量形式得到

$$\dot{I} = \dot{I}_1 + \dot{I}_2 = (5 + j10)\text{A} = 11.18 \angle 63.4^\circ \text{ A}$$

③由相量式求得电流的瞬时值表达式，根据所求的各电压、电流相量画出相量图。

$$i_1(t) = 5\sqrt{2}\sin 5t \text{ A}$$

$$i_2(t) = 10\sqrt{2}\sin(5t + 90^\circ)\text{A}$$

$$i(t) = 11.18\sqrt{2}\sin(5t + 63.4^\circ)\text{A}$$

由图 2 – 31（c）可以看出，电流 $i(t)$ 超前电压 $u_S(t)$ 的角度为 63.4°，该电路为电容性电路。

此例中，$I = 11.18$ A 而 $I_1 + I_2 = 15$ A，再次说明正弦交流电路中流出任一节点的全部电流有效值的代数和并不一定等于零。

三、正弦稳态的相量分析

相量形式的基尔霍夫定律和欧姆定律是用相量法分析正弦稳态电路的基本依据。

1. 相量法分析正弦稳态的主要步骤

（1）根据电路时域模型画出电路的相量模型。

①将时域模型中各正弦电压、电流，用相应的相量标注在电路图上；并写出已知正弦电压和电流的相量式。

$$u(t) = \sqrt{2}U\sin(\omega t + \varphi_u) \quad \rightarrow \quad \dot{U} = Ue^{j\varphi_u} = U \angle \varphi_u$$

$$i(t) = \sqrt{2}I\sin(\omega t + \varphi_i) \quad \rightarrow \quad \dot{I} = Ie^{j\varphi_i} = I \angle \varphi_i$$

②根据时域模型中各元件的参数，用相应的阻抗（或导纳）表示，并标注在电路图上。

$$R \rightarrow R \text{ 或 } G \qquad L \rightarrow j\omega L \text{ 或 } \frac{1}{j\omega L} \qquad C \rightarrow \frac{1}{j\omega C} \text{ 或 } j\omega C$$

（2）根据 KCL、KVL 和元件 VCR 相量形式，建立复系数电路方程，求出电压、电流的相量表达式。

$$\text{KCL：}\sum_{k=1}^{n} \dot{I}_k = 0 \qquad \text{KVL：}\sum_{k=1}^{n} \dot{U}_k = 0 \qquad \text{VCR：}\dot{U} = Z\dot{I} \text{ 或 } \dot{I} = Y\dot{U}$$

（3）根据求得的电压相量和电流相量，写出相应的瞬时值表达式。

[例 2 – 7] 电路的相量模型如图 2 – 32 所示，$\omega = 10$ rad，求电流 i_1、i_2。

解：①设网孔电流为 $\dot{I}_a$、$\dot{I}_b$，根据网孔分析法，列出网孔电流方程如下。

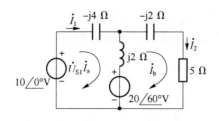

图 2 – 32　例 2 – 7 图

网孔 1：$(-j4 + j2)\dot{I}_a - j2\dot{I}_b = 10 - 20\angle 60°$

网孔 2：$-j2\dot{I}_a + (5 + j2 - j2)\dot{I}_b = 20\angle 60°$

整理得

网孔 1：$-j2\dot{I}_a - j2\dot{I}_b = 10 - 20\angle 60°$

网孔 2：$-j2\dot{I}_a + 5\dot{I}_b = 20\angle 60°$

解得 $\dot{I}_a = 6.95\angle{-49.3°}$ A，$\dot{I}_b = 6.69\angle 52.1°$ A

故 $\dot{I}_1 = \dot{I}_a = 6.95\angle{-49.3°}$ A，$\dot{I}_2 = \dot{I}_b = 6.69\angle 52.1°$ A

②列出电流 $i_1(t)$、$i_2(t)$ 的瞬时值表达式为

$$i_1(t) = 6.95\sqrt{2}\sin(10t - 49.3°)\text{A}，i_2(t) = 6.69\sqrt{2}\sin(10t + 52.1°)\text{A}$$

2. 阻抗串联和并联电路分析

1）阻抗串联电路分析

图 2 – 33（a）表示 n 个阻抗的串联，流过每个阻抗的电流相同，根据基尔霍夫电压定律和欧姆定律的相量形式得到

$$Z = \frac{\dot{U}}{\dot{I}} = Z_1 + Z_2 + Z_3 + \cdots + Z_n = \sum_{k=1}^{n} Z_k \qquad (2 – 38)$$

n 个阻抗串联组成的单口网络，就端口特性来说，等效为一个阻抗，其等效阻抗值等于各串联阻抗之和，其等效模型如图 2 – 33（b）所示。

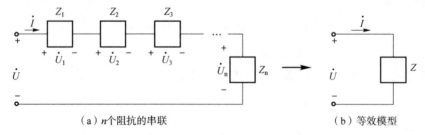

（a）n个阻抗的串联　　　　　　　　　　　　（b）等效模型

图 2 – 33　阻抗串联的电路

阻抗串联时具有分压功能，与 n 个电阻串联时得到的公式相似。当两个阻抗串联时，分压公式为

$$\begin{cases} \dot{U}_1 = \dfrac{Z_1}{Z_1 + Z_2}\dot{U} \\[2mm] \dot{U}_2 = \dfrac{Z_2}{Z_1 + Z_2}\dot{U} \end{cases} \qquad (2 – 39)$$

图 2-34（a）表示电阻和电感串联电路的相量模型，电阻和电感元件的分压关系为

$$\begin{cases} \dot{U}_R = \dfrac{R}{R + j\omega L} \dot{U} \\[2mm] \dot{U}_L = \dfrac{j\omega L}{R + j\omega L} \dot{U} \end{cases}$$

图 2-34（b）所示的电压三角形可以直观地反映出电阻电压、电感电压与总电压幅值（有效值）之间关系为

$$U = \sqrt{U_R^2 + U_L^2} \qquad U_R = U\cos\varphi \qquad U_L = U\sin\varphi \qquad \varphi = \arctan\dfrac{\omega L}{R}$$

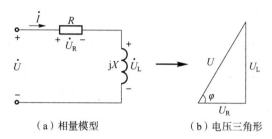

（a）相量模型　　　　　　（b）电压三角形

图 2-34　RL 串联电路相量模型图和电压三角形

[例 2-8] 已知图 2-35（a）所示电路的 $u_S(t) = 10\sqrt{2}\sin 10^6 t$ V，$R = 4$ kΩ，$L = 4$ mH，$C = 0.001$ μF。试用相量法求电路中的 $i(t)$、$u_R(t)$、$u_L(t)$ 和 $u_C(t)$。

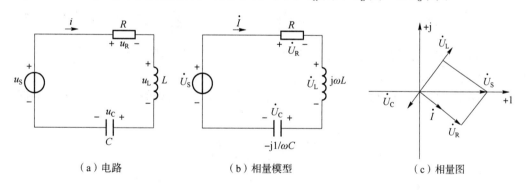

（a）电路　　　　　　（b）相量模型　　　　　　（c）相量图

图 2-35　例 2-8 电路

解：①画出电路的相量模型，如图 2-35（b）所示。

②求出 RLC 串联电路的等效阻抗。

感抗 $X_L = \omega L = 10^6 \times 4 \times 10^{-3} = 4(\text{k}\Omega)$

容抗 $X_C = \dfrac{1}{\omega C} = \dfrac{1}{10^6 \times 0.001 \times 10^{-6}} = 1(\text{k}\Omega)$

电路阻抗 $Z = R + jX = (4 + j4 - j1)\text{k}\Omega = (4 + j3)\text{k}\Omega = 5\underline{/36.9°}$ kΩ

③求出电流相量及各电压相量。

根据 RLC 元件欧姆定律的相量形式

$$\dot{U}_S = R\dot{I} + jX_L\dot{I} - jX_C\dot{I} = (R + jX_L - jX_C)\dot{I} = [R + j(X_L - X_C)]\dot{I} = (R + jX)\dot{I} = Z\dot{I}$$

$\dot{U}_S = 10\underline{/0°}$ V，则电流为

$$\dot{I} = \frac{\dot{U}_S}{Z} = \frac{10 \angle 0°}{5 \angle 36.9°} \text{mA} = 2 \angle -36.9° \text{ mA}$$

用欧姆定律计算各元件的电压相量为

$$\dot{U}_R = \dot{I}R = 2 \angle -36.9° \times 4 \text{ V} = 8 \angle -36.9° \text{ V}$$

$$\dot{U}_L = jX_L\dot{I} = j4 \times 2 \angle -36.9° \text{ V} = 8 \angle 53.1° \text{ V}$$

$$\dot{U}_C = -jX_C\dot{I} = -j \times 2 \angle -36.9° \text{ V} = 2 \angle -126.9° \text{ V}$$

④电流及各元件上电压瞬时值表达式为

$$i(t) = 2\sqrt{2}\sin(10^6 t - 36.9°)\text{mA} \qquad u_R(t) = 8\sqrt{2}\sin(10^6 t - 36.9°)\text{V}$$

$$u_L(t) = 8\sqrt{2}\sin(10^6 t + 53.1°)\text{V} \qquad u_C(t) = 2\sqrt{2}\sin(10^6 t - 126.9°)\text{V}$$

各电压、电流的相量图如图 2 – 35（c）所示。从相量图上可清楚地看出端口电压 $u_S(t)$ 的相位超前于端口电流 $i(t)$ 的相位 36.9°，表明该单口网络具有电感性。

从相量图还可以看出：$U_S = 10$ V，$U_R + U_L + U_C =$（8 + 8 + 2）V = 18 V，$U_S \neq U_R + U_L + U_C$。

2）导纳并联电路分析

图 2 – 36（a）表示 n 个导纳的并联，每个导纳的电压相同，根据相量形式的基尔霍夫电流定律和欧姆定律得到

$$Y = \frac{\dot{I}}{\dot{U}} = Y_1 + Y_2 + \cdots + Y_n = \sum_{k=1}^{n} Y_k \qquad (2-40)$$

n 个导纳并联组成的单口网络，可等效为一个导纳，其等效导纳值等于各并联导纳之和，等效模型如图 2 – 36（b）所示。

阻抗并联时具有分流功能，与 n 个电阻并联时得到的公式相似。当两个阻抗并联时，分流公式为

$$\begin{cases} \dot{I}_1 = \dfrac{Z_2}{Z_1 + Z_2}\dot{I} \\[2mm] \dot{I}_2 = \dfrac{Z_1}{Z_1 + Z_2}\dot{I} \end{cases} \qquad (2-41)$$

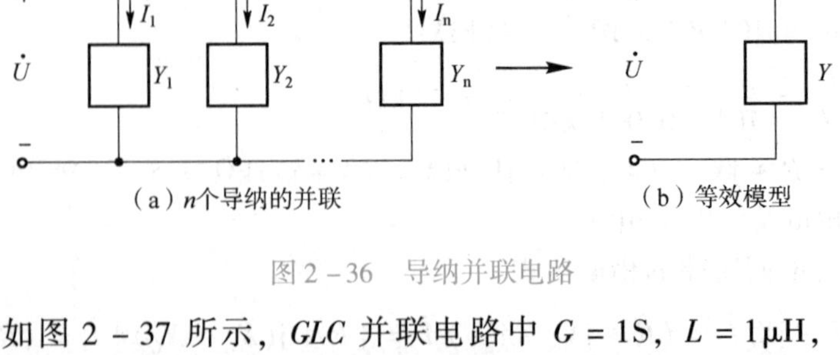

（a）n 个导纳的并联　　　　　　　　　　（b）等效模型

图 2 – 36　导纳并联电路

[例 2 – 9] 如图 2 – 37 所示，GLC 并联电路中 $G = 1$S，$L = 1\mu$H，$C = 2$ μF，电压 $u_S(t) = 2\sin 10^6 t$ V，求总电流 i 并说明电路的性质。

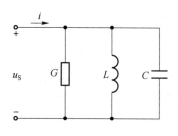

图 2－37　例 2－9 电路

解： ①求总导纳

感纳 $B_L = \dfrac{1}{\omega L} = \dfrac{1}{10^6 \times 1 \times 10^{-6}} = 1(S)$

容纳 $B_C = \omega C = 10^6 \times 2 \times 10^{-6} = 2(S)$

则电路导纳 $Y = G + jB = G + j(B_C - B_L) = 1 + j(2-1) = \sqrt{2}\ \underline{/45°}\ (S)$

②由基尔霍夫电流定律的相量形式可得

$$\dot{I} = G\dot{U}_S + jB_C\dot{U}_S - jB_L\dot{U}_S = (G + jB_C - jB_L)\dot{U}_S$$

而 $\dot{U}_S = \sqrt{2}\ \underline{/0°}$ V，则总电流 $\dot{I} = Y\dot{U}_S = \sqrt{2}\ \underline{/45°} \times \sqrt{2}\ \underline{/0°} = 2\ \underline{/45°}$ A

③写出相应的电流瞬时值表达式为

$$i(t) = 2\sqrt{2}\sin(10^6 t + 45°)\ \text{A}$$

由于导纳角等于 45°，表示电流超前电压 45°，因此该电路呈电容性。

四、交流电路的功率

1. 瞬时功率和有功功率

如图 2－38（a）所示，设二端网络的电流 $i = \sqrt{2} I\sin\omega t$ A，电压 $u = \sqrt{2} U\sin(\omega t + \varphi)$ V。

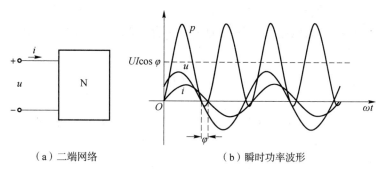

（a）二端网络　　　　　　（b）瞬时功率波形

图 2－38　二端网络的电压电流与瞬时功率

1）瞬时功率 p

$$p = ui = 2UI\sin\omega t\sin(\omega t + \varphi) = UI\cos\varphi - UI\cos(2\omega t + \varphi)$$

瞬时功率的波形如图 2－38（b）所示。该功率分为两部分，一部分是二倍于电源频率的正弦分量，另一部分为常量。瞬时功率有正有负，当 $p>0$ 时，表示网络 N 吸收能量；当 $p<0$ 时，表示网络 N 释放能量。如果网络 N 中不含独立电源，说明网络 N 中含有储能

元件。

当二端网络为纯电阻时，$\varphi = 0$，$p_R = UI(1 - \cos 2\omega t) \geqslant 0$，所以电阻 R 为耗能元件；当二端网络为纯电感时，$\varphi = 90°$，$p_L = -UI\cos(2\omega t + 90°) = UI\sin 2\omega t$；当二端网络为纯电容时，$\varphi = -90°$，$p_C = -UI\cos(2\omega t - 90°) = UI\sin(2\omega t - 180°)$。$p_L$ 和 p_C 的曲线正负半轴对称，也就是说，吸收多少能量就释放多少能量，所以电感 L 和电容 C 不消耗能量，是储能元件。

2）有功功率 P

有功功率又称为平均功率，是瞬时功率在一个周期内的平均值。

$$P = \frac{1}{T}\int_0^T p\,\mathrm{d}t = \frac{1}{T}\int_0^T [UI\cos\varphi - UI\cos(2\omega t + \varphi)]\mathrm{d}t = UI\cos\varphi = U_R I \qquad (2-42)$$

单位为 W。一般电器所标功率的大小即指有功功率，如电机功率为 10 kW、灯泡功率为 60 W 等。有功功率 P 的大小不仅与电压、电流有效值 U、I 有关，还与 u 与 i 的相位差 φ 有关。φ 称为功率因数角。

如果网络 N 中不含独立电源，功率因数角 φ 实际就是阻抗角 φ，则 $\cos\varphi$（称为功率因数，是正弦交流电路中一个非常重要的概念。感性电路与容性电路可通过功率因数角 φ 的正负加以区分，但由于 $\cos\varphi = \cos(-\varphi)$，所以由功率因数值无法区分电路是感性还是容性，此时要加文字予以说明。例如，$\cos\varphi = 0.8$（滞后）的含义是：电路的电流滞后电压一个角度 φ，此时 $\varphi > 0$，电路呈感性；而 $\cos\varphi = 0.8$（超前）则表示电路的电流超前电压 φ 角，此时 $\varphi < 0$，电路呈容性。

纯电阻的 $\varphi = 0$，$P = UI\cos\varphi = UI > 0$；纯电感的 $\varphi = 90°$，$P = UI\cos\varphi = 0$；纯电容的 $\varphi = -90°$，$P = UI\cos\varphi = 0$。即电感 L 和电容 C 不消耗能量，其有功功率为零。

2. 无功功率 Q

无功功率是储能元件与电源进行能量交换的规模。

$$Q = U_X I = (U_L - U_C)I = U_L I - U_C I = Q_L - Q_C = UI\sin\varphi \qquad (2-43)$$

单位为无功伏安，简称乏（var）。

当 $Q > 0$ 时，$\varphi > 0$，电压超前电流，为感性电路；当 $Q < 0$ 时，$\varphi < 0$，电压滞后电流，为容性电路。

纯电感时 $\qquad Q = UI\sin\varphi = UI\sin 90° = UI = I^2 X_L = \dfrac{U^2}{X_L}$

纯电容时 $\qquad Q = UI\sin\varphi = UI\sin(-90°) = -UI = -I^2 X_C = -\dfrac{U^2}{X_C}$

3. 复功率

为了便于用相量来计算平均功率，引入复功率的概念。图 2-38（a）所示单口网络工作于正弦稳态，其电压、电流采用关联参考方向，用有效值相量表示为 $\dot{U} = U \angle \varphi_u, \dot{I} = I \angle \varphi_i$。

电流相量的共轭复数为 $\overset{*}{\dot{I}} = I \angle -\varphi_i$，则单口网络吸收的复功率为

$$\tilde{S} = \dot{U}\overset{*}{\dot{I}} = UI \angle \varphi_u - \varphi_i = UI \angle \varphi = UI\cos\varphi + \mathrm{j}UI\sin\varphi = P + \mathrm{j}Q$$

其中，复功率的实部为有功功率 P，虚部为无功功率。

复功率的模称为视在功率，通常将二端电路电压和电流有效值的乘积称为视在功率，用

S 表示，即

$$S = UI \qquad\qquad (2-44)$$

显然

$$S = \sqrt{P^2 + Q^2} \qquad\qquad (2-45)$$

视在功率的单位是伏安（VA）。它表示一个电气设备的容量，变压器的容量即以视在功率来定义。由于变压器的电压、电流都有一个额定值，变压器即便是工作在额定状态下，其输出功率的大小还要看负载的功率因数的大小。例如，变压器的容量为 1 kVA，且工作在额定状态下，如负载的功率因数 $\cos\varphi = 0.5$，则变压器输出功率 $P = 1 \times 0.5 = 0.5$ kW；如负载的功率因数 $\cos\varphi = 1$，则变压器输出功率 $P = 1$ kW。

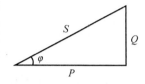

图 2 - 39　功率三角形

由有功功率 P、无功功率 Q 和视在功率 S 构成的直角三角形称为功率三角形，如图 2 - 39 所示。

4. 功率因数的提高

提高功率因数可以使电源设备的容量得到充分的利用，同时可以减小输电线路的功率损耗。而负载功率因数不高的根本原因就在于电感性负载的存在。

提高功率因数最常用的方法是与电感性负载并联静电电容器（设置在用户或变电所中），如图 2 - 40（a）所示。并联电容器后，电感性负载的电流和功率因数均未发生变化，这是因为所加的电压和电路参数没有改变。但电路的总电流变小了，如图 2 - 40（b）所示；总电压和电路总电流之间的相位差 φ 变小了，即 $\cos\varphi$ 变大了。

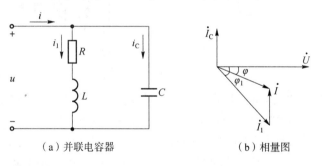

（a）并联电容器　　　　　　　　（b）相量图

图 2 - 40　功率因数的提高

并联电容器后，减小了电源与负载之间的能量互换。同时，线路总电流也减小了（电流相量相加），因而减小了功率损耗。因为电容器不消耗电能，所以并联电容器以后有功功率并未改变。

由图 2 - 40（a）所示的电路，可得并联电容支路的电流为

$$I_C = \frac{U}{X_C} = \omega C U$$

由图 2 - 40（b）所示的相量图，可得

$$I_C = I_1 \sin\varphi_1 - I\sin\varphi = \frac{P}{U\cos\varphi_1}\sin\varphi_1 - \frac{P}{U\cos\varphi}\sin\varphi = \frac{P}{U}(\tan\varphi_1 - \tan\varphi)$$

所以，要将功率因数由 $\cos\varphi_1$ 提高到 $\cos\varphi$，电路需并联的电容器的容量为

$$C = \frac{P}{\omega U^2}(\tan\varphi_1 - \tan\varphi) \tag{2-46}$$

[例2-10] 电路如图2-40所示，已知：$f = 50$ Hz，$U = 380$ V，$P = 20$ kW，$\cos\varphi_1 = 0.6$（滞后）。要使功率因数提高到0.9，求并联电容C的容量。

解： 由$\cos\varphi_1 = 0.6$，得$\varphi_1 = 53.13°$；由$\cos\varphi_2 = 0.9$，得$\varphi_2 = 25.84°$

$$C = \frac{P}{\omega U^2}(\tan\varphi_1 - \tan\varphi_2) = \frac{20 \times 10^3}{2\pi \times 50 \times 380^2}(\tan53.13° - \tan25.84°) = 375(\mu F)$$

[例2-11] 图2-41所示为用三表法测量一个实际线圈的参数R、L的测量电路。已知电源频率$f = 50$ Hz，电压表的读数为60 V，电流表的读数为1 A，功率表的读数为15 W。

解： 由于电感消耗的有功功率为零，所以瓦特表上的读数实际是电阻消耗的功率，故

$$P = I^2 R \qquad R = \frac{P}{I^2} = 15\ \Omega$$

因为 $|Z| = \sqrt{R^2 + X_L^2} = \frac{U}{I} = 60\ \Omega$

所以 $X_L = \sqrt{|Z|^2 - R^2} = \sqrt{60^2 - 15^2} = 58.09(\Omega)$

则 $L = \frac{X_L}{2\pi f} = 0.185\text{H}$

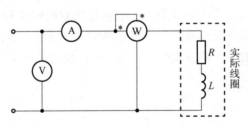

图2-41　例2-11电路

[例2-12] 电路如图2-42所示。已知负载Z_1的有功功率$P_1 = 20$ kW，$\cos\varphi_1 = 0.8$（滞后）；负载Z_2的有功功率$P_2 = 10$ kW，$\cos\varphi_2 = 0.9$（超前）。求两负载并联后总的有功、无功、视在功率和功率因数。

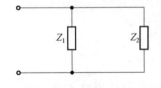

图2-42　例2-12电路

解： 总的有功功率为：$P = P_1 + P_2 = 30$ kW

由于Z_1的功率因数滞后，所以为感性负载：$\varphi_1 = \arccos0.8 = 36.9°$

$$Q_1 = S_1\sin\varphi_1 = \frac{P_1}{\cos\varphi_1}\sin\varphi_1 = P_1\tan\varphi_1 = 15\text{kvar}$$

而由于Z_2的功率因数超前，所以为容性负载：$\varphi_2 = \arccos0.9 = -25.8°$

$$Q_2 = P_2\tan\varphi_2 = -4.84\text{kvar}$$

总的无功功率为：$Q = Q_1 + Q_2 = 10.16$ kvar

总的视在功率为：$S = \sqrt{P^2 + Q^2} = 31.67$ kVA

总的功率因数为：$\cos\varphi = \frac{P}{S} = 0.95$

课后提高

[例2-13] 电路的相量模型如图2-43（a）所示，试求戴维南等效电路。

解：①将负载 Z_L 断开，电路如图2-43（b）所示，电阻与电感并联的阻抗为

$$Z_{RL} = \frac{10 \times j10}{10 + j10} = 5 + j5 = 5\sqrt{2} \ \underline{/45°} \ (\Omega)$$

等效阻抗为：$Z_0 = Z_{RL} - j8 = -j3 (\Omega)$

②开路电压为

$$\dot{U}_{oc} = Z_{RL} \dot{I}_S = 5\sqrt{2} \ \underline{/45°} \times \sqrt{2} \ \underline{/0°} = 10 \ \underline{/45°} \ (V)$$

③画出戴维南等效电路如图2-43（c）所示。

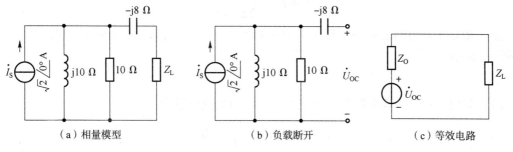

（a）相量模型　　　　　（b）负载断开　　　　　（c）等效电路

图2-43　例2-13电路

五、谐振电路的特性

（一）RLC 串联谐振

如图2-44（a）所示 RLC 串联谐振电路，图2-44（b）是它的相量模型，其复阻抗为

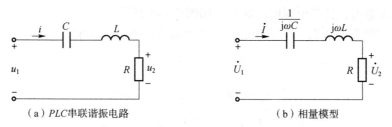

（a）PLC串联谐振电路　　　　　（b）相量模型

图2-44　RLC 串联谐振电路及相量模型

$$Z = \frac{\dot{U}}{\dot{I}} = R + j\left(\omega L - \frac{1}{\omega C}\right) = |Z| \ \underline{/\theta}$$

其中

$$|Z| = \sqrt{R^2 + \left(\omega L - \frac{1}{\omega C}\right)^2}$$

$$\theta = \arctan\left(\frac{\omega L - \dfrac{1}{\omega C}}{R}\right)$$

1. 谐振条件

当 $\omega L - \dfrac{1}{\omega C} = 0$，即 $\omega = \dfrac{1}{\sqrt{LC}}$ 时，$\theta = 0$，$|Z| = R$，电压 $u(t)$ 与电流 $i(t)$ 相位相同，电路发生谐振。

即，RLC 串联电路的谐振条件为

$$\omega = \omega_0 = \frac{1}{\sqrt{LC}} \qquad\qquad (2-47)$$

发生谐振的角频率为谐振角频率。

由 $\omega_0 = 2\pi f_0$，则谐振频率为

$$f = f_0 = \frac{1}{2\pi\sqrt{LC}} \qquad\qquad (2-48)$$

任一 RLC 串联电路总有一个对应的谐振频率 f_0，它由电路的自身参数决定，又称为电路的固有频率。

2. 谐振特性

（1）阻抗。RLC 串联电路发生谐振时，阻抗的电抗分量为

$$X = \omega_0 L - \frac{1}{\omega_0 C} = 0$$

即

$$Z = R \qquad\qquad (2-49)$$

谐振时阻抗最小，呈纯电阻性。

（2）电流。若在端口上外加电压源，则电路谐振时的电流为

$$\dot{I} = \frac{\dot{U}_S}{Z} = \frac{\dot{U}_S}{R}$$

谐振时电流最大，且与电源电压同相，如图 2-45 所示。

（3）电压。谐振时电阻、电感和电容上的电压分别为

$$\dot{U}_R = R\dot{I} = \dot{U}_S$$

$$\dot{U}_L = j\omega_0 L\dot{I} = j\frac{\omega_0 L}{R}\dot{U}_S = jQ\dot{U}_S$$

$$\dot{U}_C = \frac{1}{j\omega_0 C}\dot{I} = -j\frac{1}{\omega_0 RC}\dot{U}_S = -jQ\dot{U}_S$$

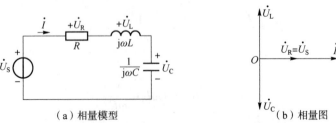

（a）相量模型　　　　　　　　（b）相量图

图 2-45　RLC 串联谐振的相量图

从以上分析可知，谐振时电阻电压与电压源电压相等，$\dot{U}_R = \dot{U}_S$。电感电压与电容电压的相量和为零，即 $\dot{U}_L + \dot{U}_C = 0$，且电感与电容的电压为电源电压的 Q 倍，即

$$U_L = U_C = QU_S = QU_R \tag{2-50}$$

若 $\omega L \gg R$，则 $U_L = U_C \gg U_R$，因此，串联谐振称为电压谐振。

（4）品质因数。RLC 串联电路在谐振时的感抗和容抗在量值上相等，其值称为谐振电路的特性阻抗，用 ρ 表示，即

$$\rho = \omega_0 L = \frac{1}{\omega_0 C} = \sqrt{\frac{L}{C}} \tag{2-51}$$

则

$$Q = \frac{\omega_0 L}{R} = \frac{1}{\omega_0 RC} = \frac{\rho}{R} \tag{2-52}$$

Q 称为串联谐振电路的品质因数，其数值等于谐振时感抗或容抗与电阻之比。

[例 2-14] RLC 串联电路中，$R = 5~\Omega$，$L = 60~\text{mH}$，$C = 0.053~\mu\text{F}$，$u_s(t) = 2\sqrt{2}\sin \omega t$ V，求：（1）频率 f 为何值时电路发生谐振；（2）电路谐振时 U_L 和 U_C 为多大？

解：（1）电压源的谐振频率应为

$$f = f_0 = \frac{1}{2\pi\sqrt{LC}} = \frac{1}{2\pi\sqrt{60 \times 10^{-3} \times 0.053 \times 10^{-6}}}\text{Hz} = 2~820~\text{Hz}$$

（2）电路的品质因数为

$$Q = \frac{2\pi f_0 L}{R} = 212.5$$

$$U_L = U_C = QU_S = 212.5 \times 2~\text{V} = 425~\text{V}$$

（二）RLC 并联谐振电路

图 2-46（a）所示为 RLC 并联电路，其相量模型如图 2-46（b）所示。其导纳为

$$Y(\text{j}\omega) = \frac{\dot{I}}{\dot{U}} = G + \text{j}\left(\omega C - \frac{1}{\omega L}\right) = |Y(\text{j}\omega)| \underline{/\theta(\omega)}$$

其中

$$|Y| = \sqrt{G^2 + \left(\omega C - \frac{1}{\omega L}\right)^2}$$

$$\theta = \arctan\left(\frac{\omega C - \dfrac{1}{\omega L}}{G}\right)$$

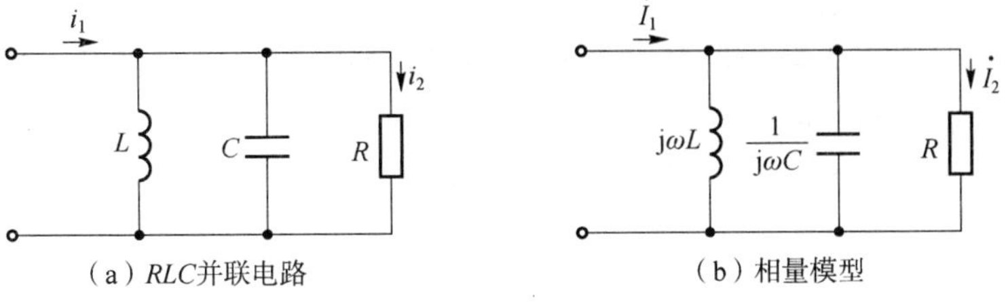

（a）RLC 并联电路　　　　　（b）相量模型

图 2-46　RLC 并联谐振电路及相量模型

1. 谐振条件

当 $\omega C - \dfrac{1}{\omega L} = 0$ 时，$Y = G = 1/R$，电压 $u(t)$ 和电流 $i(t)$ 同相，电路发生谐振。因此，RLC 并联电路谐振的条件是

$$\omega = \omega_0 = \frac{1}{\sqrt{LC}} \tag{2-53}$$

ω 称为电路的谐振角频率。与 RLC 串联电路相同。

2. 谐振特性

（1）阻抗。电路谐振时，导纳 $Y = G = 1/R$，具有最小值。

（2）电压。外加电流源 $\dot{I}_s$，电路谐振时的电压为

$$\dot{U} = \frac{\dot{I}_s}{Y} = \frac{\dot{I}_s}{G} = R\dot{I}_s$$

电路谐振时电压达到最大值，如图 2-47 所示。

（3）电流。谐振时电阻、电感和电容中电流为

$$\dot{I}_R = G\dot{U} = \dot{I}_s$$

$$\dot{I}_L = \frac{1}{j\omega_0 L}\dot{U} = -j\frac{R}{\omega_0 L}\dot{I}_s = -jQ\dot{I}_s$$

$$I_C = j\omega_0 C\dot{U} = j\omega_0 RC\dot{I}_s = jQ\dot{I}_s$$

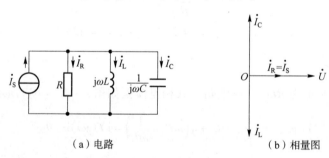

（a）电路 　　　　　　　（b）相量图

图 2-47 RLC 并联谐振相量图

由以上分析可知，谐振时电阻电流与电流源电流相等，即 $\dot{I}_R = \dot{I}_s$。电感电流与电容电流的相量和为零，即 $\dot{I}_L + \dot{I}_C = 0$。电感与电容电流为电流源电流或电阻电流的 Q 倍，即

$$I_L = I_C = QI_s = QI_R \tag{2-54}$$

并联谐振又称为电流谐振。

（4）品质因数。RLC 并联电路在谐振时的感抗和容抗在量值上相等，其值称为谐振电路的特性阻抗，用 ρ 表示，即

$$\rho = \sqrt{\frac{L}{C}} \tag{2-55}$$

$$Q = \frac{R}{\omega_0 L} = R\omega_0 C = R\sqrt{\frac{C}{L}} \tag{2-56}$$

Q 称为 RLC 并联谐振电路的品质因数，其量值等于谐振时感纳或容纳与电导之比。

[例 2 – 15] 图 2 – 48（a）是电感线圈和电容器并联的电路模型。已知 $i_s(t) = \sqrt{2}\sin \omega t$ mA，$R = 1\ \Omega$，$L = 100\ \mu H$，$C = 100$ pF。试求电路的谐振角频率、谐振时的阻抗和品质因数以及电流源两端的电压。

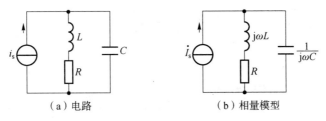

（a）电路   （b）相量模型

图 2 – 48 例 2 – 15 电路

解：画出其相量模型如图 2 – 48（b）所示，求出导纳，即

$$Y = j\omega C + \frac{1}{R + j\omega L}$$

$$= \frac{R}{R^2 + (\omega L)^2} + j\left[\omega C - \frac{\omega L}{R^2 + (\omega L)^2}\right]$$

令上式虚部为零，即

$$\omega C - \frac{\omega L}{R^2 + (\omega L)^2} = 0$$

求得

$$\omega_0 = \frac{1}{\sqrt{LC}}\sqrt{1 - \frac{CR^2}{L}} = \frac{1}{\sqrt{LC}}\sqrt{1 - \frac{1}{Q^2}}$$

其中，$Q = \frac{1}{R}\sqrt{\frac{L}{C}}$ 是 RLC 串联电路的品质因数。

当 $Q \gg 1$ 时，$\omega_0 = \frac{1}{\sqrt{LC}} = \frac{1}{\sqrt{100 \times 10^{-6} \times 100 \times 10^{-12}}} = 10^7\ (\text{rad/s})$

谐振时的阻抗

$$Z = \frac{1}{Y} = R + \frac{(\omega_0 L)^2}{R} = R(1 + Q^2)$$

当 $\omega_0 L \gg R$ 时

$$Z(j\omega_0) = \frac{(\omega_0 L)^2}{R} = (10^7 \times 100 \times 10^{-6})^2\ \Omega = 1\ 000\ \text{k}\Omega$$

$$Q = \frac{1}{R}\sqrt{\frac{L}{C}} = \sqrt{\frac{100 \times 10^{-6}}{100 \times 10^{-12}}} = 1\ 000$$

$$U_S = ZI_S = 1\ 000 \times 10^3 \times 10^{-3} = 1\ 000\ (\text{V})$$

（三）串联谐振的频率特性

图 2 – 44 所示电路的输出与输入电压的相量比为

$$H(j\omega) = \frac{\dot{U}_2}{\dot{U}_1} = \frac{R}{R + j\left(\omega L - \dfrac{1}{\omega C}\right)} = \frac{1}{1 + j\left(\dfrac{\omega L}{R} - \dfrac{1}{\omega RC}\right)}$$

代入

$$Q = \frac{\omega_0 L}{R} = \frac{1}{R\omega_0 C}$$

有

$$H(j\omega) = \frac{\dot{U}_2}{\dot{U}_1} = \frac{1}{1 + jQ\left(\dfrac{\omega}{\omega_0} - \dfrac{\omega_0}{\omega}\right)}$$

其幅值为

$$|H(j\omega)| = \frac{1}{\sqrt{1 + Q^2\left(\dfrac{\omega}{\omega_0} - \dfrac{\omega_0}{\omega}\right)^2}} \tag{2-57}$$

由式（2-57）可见，当 $\omega = 0$ 或 $\omega = \infty$ 时，$|H(j\omega)| = 0$；当 $\omega = \omega_0 = \dfrac{1}{\sqrt{LC}}$ 时，电路发生谐振，$|H(j\omega)| = 1$ 达到最大值，说明串联谐振电路具有带通滤波特性，即具有选择最接近于谐振频率附近信号的能力，也称为电路的选择性。工程上将输出信号为输入信号的 $\dfrac{1}{\sqrt{2}}$ 倍所对应的两个频率之间的宽度称为通频带。为求出通频带的宽度，先计算与 $|H(j\omega)| = \dfrac{1}{\sqrt{2}}$（即 $-3\ dB$）对应的频率 ω_+ 和 ω_-。

令

$$|H(j\omega)| = \frac{1}{\sqrt{1 + Q^2\left(\dfrac{\omega}{\omega_0} - \dfrac{\omega_0}{\omega}\right)^2}} = \frac{1}{\sqrt{2}}$$

有

$$Q\left(\frac{\omega}{\omega_0} - \frac{\omega_0}{\omega}\right) = \pm 1$$

得到

$$\frac{\omega_\pm}{\omega_0} = \sqrt{1 + \frac{1}{4Q^2}} \pm \frac{1}{2Q}$$

由此求得通频带带宽为

$$\Delta\omega = \omega_+ - \omega_- = \frac{\omega_0}{Q} \tag{2-58}$$

或

$$\Delta f = f_+ - f_- = \frac{f_0}{Q} \tag{2-59}$$

通频带带宽 $\Delta\omega$ 与品质因数 Q 成反比，Q 越大，$\Delta\omega$ 越小，通频带越窄，曲线越尖锐，对信号的选择性越好。在无线电技术中，当实际选择电路的 Q 值时，就需要兼顾通频带带宽和选择性两方面的要求。

对不同 Q 值画出的幅频特性曲线，如图 2-49 所示。此曲线横坐标是角频率与谐振角

频率之比（即相对频率），纵坐标是输出与输入电压之比，也是相对量，故该曲线适用于所有串联谐振电路，因而被称为通用谐振曲线。当 $\omega = \omega_+$ 或 $\omega = \omega_-$ 时，$|H(j\omega)| = 0.707$（对应 $-3\ dB$），$\theta = \pm 45°$。

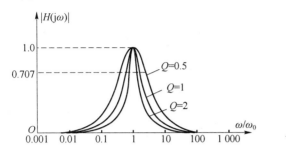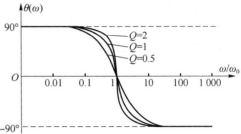

图 2 – 49 RLC 串联电路频率特性曲线

并联谐振电路的幅频特性曲线和计算通频带宽度等公式均与串联谐振电路相同，不再赘述。在无线电技术和工业电子技术中，通常应用并联谐振阻抗高的特点选择信号或滤除信号。

[**例 2 – 16**] 某收音机要收听 640 kHz 的某电台的广播，试设计收音机输入谐振电路的可变电容和品质因数。要求带宽 $\Delta f = 10$ kHz，$L = 0.3$ mH。

解： 根据 $f_0 = \dfrac{1}{2\pi\sqrt{LC}}$

求得：$C = \dfrac{1}{4\pi^2 f_0^2 L} = \dfrac{1}{4\pi^2 \times 640^2 \times 10^6 \times 0.3 \times 10^{-3}}\mathrm{F} = 204\ \mathrm{pF}$

$Q = \dfrac{f_0}{\Delta f} = \dfrac{640 \times 10^3}{10 \times 10^3} = 64$

[**例 2 – 17**] 已知 RLC 串联电路中，$L = 500\ \mu\mathrm{H}$，$C = 20\ \mathrm{pF}$，$R = 50\ \Omega$，则该谐振电路的通频带 Δf 为多少 kHz？

解： 谐振电路的频率为

$$f_0 = \frac{1}{2\pi\sqrt{LC}} = \frac{1}{2\pi\sqrt{500 \times 10^{-6} \times 20 \times 10^{-12}}} = 1.59(\mathrm{MHz})$$

谐振电路的品质因数为

$$Q = \frac{1}{R}\sqrt{\frac{L}{C}} = \frac{1}{50} \times \sqrt{\frac{500 \times 10^{-6}}{20 \times 10^{-12}}} = 100$$

所以，该谐振电路的通频带 $\Delta f = \dfrac{f_0}{Q} = \dfrac{1.59 \times 10^6}{100} = 1.59 \times 10^4 = 15.9(\mathrm{kHz})$

能力训练

日光灯电路的装接与测试。

一、仪器设备

（1）通用电工实训工作台：一台。

（2）日光灯电路实验电路板：一块。

（3）交流电压表、交流电流表、功率表：各一块。

（4）连接导线：若干。

（5）200 Ω 电阻：一只。

（6）1 μF/450 V、2.2 μF/450 V、4.7 μF/450 V 电容器：各一个。

二、训练内容及步骤

（1）RC 电路的测试。按图 2-50 所示接线。R 为 200 Ω 电阻，电容器为 4.7 μF/450 V。经教师检查后，接通实验台电源，将自耦调压器输出（即 U）调至 220 V。将测得 U、U_R、U_C 的数据记入表 2-4，验证电压三角形关系。

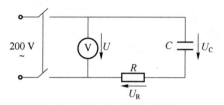

图 2-50 RC 串联电路

表 2-4 RC 串联电压测量数据

测量值/V			计算值/V		
U	U_R	U_C	$U' = \sqrt{U_R^2 + U_C^2}$	$\Delta U = U' - U$	$\Delta U/U/\%$

（2）日光灯线路接线与测量。按图 2-51 所示接线。经教师检查后接通实验台电源，调节自耦调压器的输出，使其输出电压缓慢增大，直到日光灯刚启辉点亮为止，记下三个表的指示值。然后将电压调至 220 V，测量功率 P、电流 I、电压 U、镇流器 U_L 和日光灯端电压 U_A 的值，记入表 2-5 中，验证电压、电流相量关系。

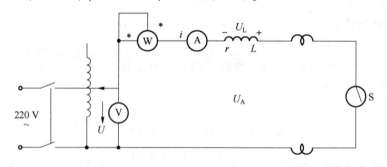

图 2-51 日光灯电路

表 2-5 日光灯电路测量数据

	测　量　数　值					计算值	
	P/W	I/A	U/V	U_L/V	U_A/V	r/Ω	$\cos \varphi$
启辉值							
正常工作值							

（3）电路功率因数的改善。按图 2 – 52 所示连接实验线路。经教师检查后，接通实验台电源，将自耦调压器的输出调至 220 V，记录功率表、电压表读数。通过一只电流表和三个电流插座分别测得三条支路的电流，改变电容值，进行三次重复测量。将数据记入表 2 – 6 中。

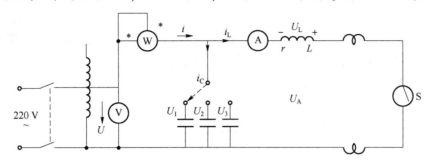

图 2 – 52　改善功率因数的电路

表 2 – 6　并联电容电路的测量数据

电容值 /μF	测　量　数　值					计算值	
	P/W	$\cos\varphi$	U/V	I/A	I_L/A	I_C/A	I'/A	$\cos\varphi$
0								
1								
2.2								
4.7								

三、归纳总结

（1）根据表 2 – 4、表 2 – 6 的测量结果，分析总结如下几点。

①对于 i、i_L、i_C 这三条支路的电流，流入节点的电流相量 $\sum\limits_{k=1}^{n}\dot{I}_{流入}=$ _____，流出节点的电流相量之和 $\sum\limits_{k=1}^{n}\dot{I}_{流出}=$ _____，$\sum\limits_{k=1}^{n}\dot{I}_{流入}$ _____ $\sum\limits_{k=1}^{n}\dot{I}_{流出}$。

②RC 串联回路的各部分电压分别为：$\dot{U}=$ _____；$\dot{U}_R=$ _____；$\dot{U}_C=$ _____；回路各部分电压相量之和 $=$ _____。

（2）提高功率因数的方法如下。

并联电容器后，电感性负载的电流和功率因数均未发生变化，这是因为所加的电压和电路参数没有改变。但电路的总电流_____了；总电压和总电流之间的相位差 φ _____了，即 $\cos\varphi$ _____了。

并联电容器后，_____了电源与负载之间的能量互换，_____了功率损耗。并联电容器后有功功率并未改变，因为电容器不消耗电能。

🔵 **课后思考**

（1）为了改善电路的功率因数，常在感性负载上并联电容器，此时增加了一条电流支路，试问电路的总电流是增大还是减小，此时感性元件上的电流和功率是否改变？

（2）提高线路功率因数为什么只采用并联电容器法，而不用串联法？所并的电容器是否越大越好？

任务测试

项目二　任务三
习题答案

（1）电阻元件的电压与电流相量关系可表示为_____；电感元件的电压与电流相量关系可以表示为_____；电容元件的电压与电流相量关系可以表示为_____。由上述三个关系式可得，_____元件为即时元件；_____和_____元件为动态元件。

（2）（　　）元件的相位关系是电流超前电压90°。

A. 电容　　　　　　　　　　B. 电阻　　　　　　　　　　C. 电感

（3）（　　）的电流与电压同相。

A. 电容元件　　　　　　　　B. 电阻元件　　　　　　　　C. 电感元件

（4）以下选项中，（　　）不一定是电感性电路。

A. RL 串联电路　　　　　　B. 纯电感电路　　　　　　　C. RLC 串联电路

（5）电容元件的正弦交流电路中，电压有效值不变，当频率增大时，电路中电流将（　　）。

A. 增大　　　　　　　　　　B. 减小　　　　　　　　　　C. 不变

（6）电感元件的正弦交流电路中，电压有效值不变，当频率增大时，电路中电流将（　　）。

A. 增大　　　　　　　　　　B. 减小　　　　　　　　　　C. 不变

（7）在电阻元件的正弦交流电路中，伏安关系表示错误的是（　　）。

A. $u = iR$　　　　　　　　B. $U_\mathrm{m} = IR$　　　　　　C. $\dot{U} = \dot{I}\,R$

（8）有功功率的单位是（　　），无功功率单位是（　　），视在功率单位是（　　）。

A. 伏安（VA）　　　　B. 瓦（W）　　　　C. 乏（Var）　　　　D. 焦耳

（9）一个交流 RL 串联电路，已知总电压 $U = 10$ V，$U_R = 6$ V，电感上电压 $U_L = $（　　）。

A. 4 V　　　　　　　　　　B. 16 V　　　　　　　　　　C. 8 V

（10）一个交流 RL 并联电路，已知流过电阻的电流 $I_R = 3$ A，流过电感的电流 $I_L = 4$ A，则总电流 $I = $（　　）A。

A. 7　　　　　　　　　　　B. 1　　　　　　　　　　　C. 5

（11）一个交流 LC 并联电路，已知流过电感的电流 $I_L = 5$ A，流过电容的电流 $I_C = 3$ A，则总电流 $I = $（　　）A。

A. 8　　　　　　　　　　　B. 2　　　　　　　　　　　C. 4

（12）314 μF 电容元件用在 100 Hz 的正弦交流电路中，所呈现的容抗值为（　　）。

A. 0.197 Ω　　　　　　　　B. 31.8 Ω　　　　　　　　　C. 5.1 Ω

（13）RL 串联电路中，测得电阻两端电压为 120 V，电感两端电压为 160 V，则电路总电压是（　　）V。

A. 200　　　　　　　　　　B. 280　　　　　　　　　　C. 40

（14）电阻消耗的功率是（　　）。

A. 有功功率　　　　　　B. 无功功率　　　　　　C. 视在功率

（15）电感消耗的有功功率是（　　）。

A. $U_{\mathrm{L}}I_{\mathrm{L}}$　　　　　　　B. 0　　　　　　　C. $I_{\mathrm{L}}^{2}X_{\mathrm{L}}$

（16）用交流电流表测量的是（　　）。

A. 最大值　　　　　　B. 有效值　　　　　　C. 平均值

（17）RLC 串联电路的谐振条件为（　　）。

A. $X_{\mathrm{L}} > X_{\mathrm{C}}$　　　　　　B. $X_{\mathrm{L}} = X_{\mathrm{C}}$　　　　　　C. $X_{\mathrm{L}} < X_{\mathrm{C}}$

（18）RLC 串联电路的谐振频率跟（　　）有关。

A. R、L 和 C　　　　　B. L 和 C　　　　　C. 电源频率

（19）在 RLC 串联电路中，已知电流为 5 A，电阻为 30 Ω，感抗为 40 Ω，容抗为 80 Ω，那么电路的阻抗为＿＿＿＿＿，该电路为＿＿＿＿＿性电路。电路中吸收的有功功率为＿＿＿＿＿，吸收的无功功率又为＿＿＿＿＿。

（20）几个复阻抗相加时，它们的和增大；几个复阻抗相减时，其差减小。　　（　　）

（21）串联电路的总电压超前电流时，电路一定呈感性。　　（　　）

（22）提高功率因数，可使负载中的电流减小，因此电源利用率提高。　　（　　）

（23）视在功率在数值上等于电路中有功功率和无功功率之和。　　（　　）

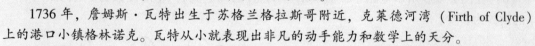 课后阅读

为什么功率的单位是瓦特？

1776 年，詹姆斯·瓦特制造出第一台有实用价值的蒸汽机。以后经过一系列重大改进，使之成为"万能的原动机"，在工业上得到广泛应用。他开辟了人类利用能源的新时代，使人类进入"蒸汽时代"。后人为了纪念这位伟大的发明家，把功率的单位定为"瓦特"（简称"瓦"，符号 W）。

人物简介

詹姆斯·瓦特（James Watt，1736 年 1 月 19 日至 1819 年 8 月 25 日），英国发明家，第一次工业革命的重要人物。

1736 年，詹姆斯·瓦特出生于苏格兰格拉斯哥附近，克莱德河湾（Firth of Clyde）上的港口小镇格林诺克。瓦特从小就表现出非凡的动手能力和数学上的天分。

主要成就

1757 年，格拉斯哥大学的教授提供给瓦特一个机会，让他在大学里开设了一间小修理店，这帮助瓦特走出了困境。物理学家与化学家约瑟夫·布莱克（Joseph Black）更是成了瓦特的朋友与导师。

1765 年，瓦特取得了关键性的进展，他想到将冷凝器与汽缸分离开来，使得汽缸温度可以持续维持在注入的蒸汽温度，并在此基础上很快建造了一个可以连续运转的模型。

1776 年，终于第一批新型蒸汽机制造成功并应用于实际生产。

1784 年，瓦特对联协式蒸汽机进行了改进，增加了一种自动调节蒸汽机速率的装置，使它能适用于各种机械的运动。从此之后，纺织业、采矿业、冶金业、造纸业等工业部

门，都先后采用蒸汽机作为动力。

1785 年以后，瓦特改进的蒸汽机首先在纺织部门投入使用，受到广泛欢迎。

19 世纪 30 年代，蒸汽机已经广泛应用到纺织、冶金、采煤、交通等领域，引起了一场技术革命。美国人富尔顿发明了用瓦特蒸汽机作动力的轮船；英国人史蒂芬逊发明了用瓦特蒸汽机作动力的火车。瓦特的蒸汽机成为真正的国际性发明，它有力地促进了欧洲 19 世纪的产业革命，推动世界工业进入了"蒸汽时代"。

课后练习

（1）已知 $\dot{I}_1 = 8 - j6\ \text{A}$、$\dot{I}_2 = -8 + j6\ \text{A}$。试写出它们所代表正弦电流的瞬时值表达式，画出相量图，并求 $i = i_1 + i_2$。

（2）已知 $u_1 = 10\sin(\omega t - 30°)\text{V}$，$u_2 = 5\sin(\omega t + 120°)\text{V}$。试写出相量 $\dot{U}_1$、$\dot{U}_2$，画出相量图，求 $u = u_1 + u_2$。

（3）已知 $u = 110\sqrt{2}\sin(314t - 30°)\text{V}$，作用在电感 $L = 0.2\ \text{H}$ 上，求电流 $i(t)$，并画出 $\dot{U}$、$\dot{I}$ 的相量图。

（4）在图 2-53 所示电路中，$U_1 = 40\ \text{V}$，$U_2 = 30\ \text{V}$，$i = 10\sin 314t\ \text{A}$，则 U 为多少？并写出其瞬时值表达式。

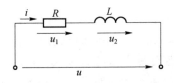

图 2-53　习题（4）电路

（5）在图 2-54 所示电路中，已知 $u = 100\sin(314t + 30°)\text{V}$，$i = 22.36\sin(314t + 19.7°)\text{A}$，$i_2 = 10\sin(314t + 83.13°)\text{A}$，试求：$i_1$、$Z_1$、$Z_2$ 并说明 Z_1、Z_2 的性质，绘出相量图。

（6）在图 2-55 所示电路中，$X_R = X_L = R$，并已知电流表 A_1 的读数为 3 A，试问 A_2 和 A_3 的读数为多少？

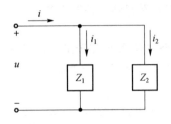

图 2-54　习题（5）电路

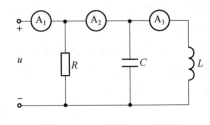

图 2-55　习题（6）电路

（7）电路如图 2-56 所示，已知 $\omega = 2\ \text{rad/s}$，求电路的总阻抗 Z_{ab}。

（8）电路如图 2-57 所示，已知 $R = 20\ \Omega$，$\dot{I}_R = 10\underline{/0°}\ \text{A}$，$X_L = 10\ \Omega$，$\dot{U}_1$ 的有效值为 200 V，

求 X_C。

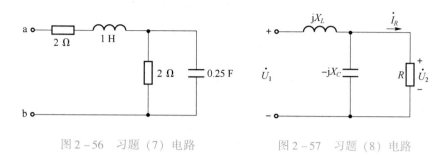

图 2 - 56　习题（7）电路　　　　　图 2 - 57　习题（8）电路

（9）在图 2 - 58 所示电路中，$u_S = 10\sin 314t$ V，$R_1 = 2\ \Omega$，$R_2 = 1\ \Omega$，$L = 637$ mH，$C = 637\ \mu$F，求电流 i_1，i_2 和电压 u_C。

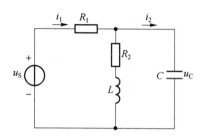

图 2 - 58　习题（9）电路

（10）在图 2 - 59 所示电路中，已知电源电压 $U = 12$ V，$\omega = 2\,000$ rad/s，求电流 I、I_1。

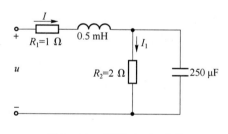

图 2 - 59　习题（10）电路

（11）在图 2 - 60 所示电路中，已知 $R_1 = 40\ \Omega$，$X_L = 30\ \Omega$，$R_2 = 60\ \Omega$，$X_C = 60\ \Omega$，接至 220 V 的电源上。试求各支路电流及总的有功功率、无功功率和功率因数。

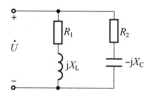

图 2 - 60　习题（11）电路

（12）在图 2 - 61 所示电路中，求：①AB 间的等效阻抗 Z_{AB}；②电压相量 $\dot{U}_{AF}$ 和 $\dot{U}_{DF}$；③整个电路的有功功率和无功功率。

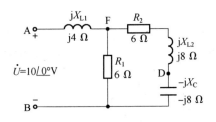

图 2-61　习题（12）电路

（13）已知 RLC 并联，$u = 60\sqrt{2}\sin(100t + 90°)\,\text{V}$，$R = 15\,\Omega$，$L = 300\,\text{mH}$，$C = 833\,\mu\text{F}$。求 $i(t)$。

（14）在图 2-62 所示电路中，电压表 V_1、V_2 的读数分别为 3 V 和 4 V。求电压表 V 的读数。

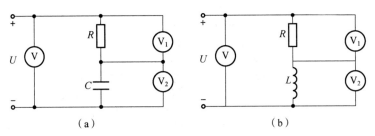

（a）　　　　　　　　　　（b）

图 2-62　习题（14）电路

（15）在 RLC 并联电路中，电源电压 $u = 120\sqrt{2}\sin(100\pi t + 30°)\,\text{V}$，$R = 40\,\Omega$，$X_L = 15\,\Omega$，$X_C = 30\,\Omega$，求：①电路上的总电流；②电路的总阻抗。

（16）图 2-63 所示为正弦稳态电路，已知电压表 V_1、V_2、V_3 的读数分别为 30 V、60 V、100 V。求电压表 V 的读数。

（17）图 2-64 所示电路中，$u_S(t) = 100\sqrt{2}\sin 10^3 t\,\text{V}$，$R_1 = R_2 = 100\,\Omega$，$jX_L = j100\,\Omega$，$-jX_C = -j100\,\Omega$，求 $i(t)$。

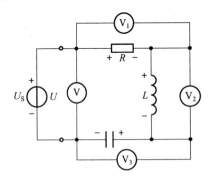

图 2-63　正弦稳态电路

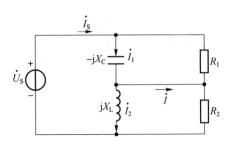

图 2-64　习题（17）电路

（18）如图 2-65 所示电路，$R = 5\,\text{k}\Omega$，交流电源频率 $f = 100\,\text{Hz}$。若要求 U_{sc} 与 U_{sr} 的相位差为 30°，则电容 C 应为多少？判断 U_{sc} 与 U_{sr} 的相位关系（超前还是滞后）。

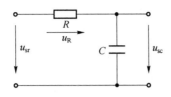

图 2 - 65　习题（18）电路

（19）如图 2 - 66 所示，有一个纯电容电路，容抗为 X_C，加上交流电压后，电流表读数为 4 A；若将一纯电感并接在电容两端，电源电压不变，则电流表的读数也不变，问并联电感的感抗为多少？

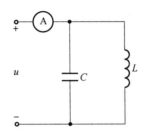

图 2 - 66　习题（19）电路

（20）已知两复阻抗 $Z_1 = (10 + j20)$ Ω 和 $Z_2 = (20 - j50)$ Ω，若将 Z_1、Z_2 并联，求电路的等效复阻抗和等效复导纳；此时电路是呈感性还是容性？若要使电路呈阻性，Z_1、Z_2 的并联电路应串联上一个什么样的元件？

（21）列出图 2 - 67 所示电路的网孔电流方程，已知：$\dot{U}_{S1} = 15 \underline{/45°}$ V，$\dot{U}_{S2} = 40 \underline{/0°}$ V，$R_1 = 12$ Ω，$R_2 = 5$ Ω，$jX_{L1} = j20$ Ω，$jX_{L2} = j12$ Ω，$-jX_C = -j20$ Ω。

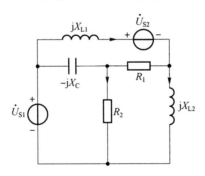

图 2 - 67　习题（21）电路

（22）用下列各式表示 RC 串联电路中的电压、电流，哪些是对的？哪些是错的？

①$i = \dfrac{u}{|Z|}$　　　②$I = \dfrac{U}{R + X_C}$　　　③$\dot{I} = \dfrac{\dot{U}}{R - j\omega C}$　　　④$I = \dfrac{U}{|Z|}$

⑤$U = U_R + U_C$　　　⑥$\dot{U} = \dot{U}_R + \dot{U}_C$　　　⑦$\dot{I} = -j\dfrac{\dot{U}}{\omega C}$　　　⑧$\dot{I} = j\dfrac{\dot{U}}{\omega C}$

（23）有一 RLC 串联的交流电路，已知 $R = X_L = X_C = 10$ Ω，$I = 1$ A，试求电压 U、U_R、U_L、U_C 和电路总阻抗 $|Z|$。

（24）有一个 40 W 的日光灯，使用时灯管与镇流器（可近似把镇流器看作纯电感）串联在电压为 220 V、频率为 50 Hz 的电源上。已知灯管工作时属于纯电阻负载，灯管两端的电压等于 110 V，试求镇流器上的感抗和电感。这时电路的功率因数等于多少？若将功率因数提高到 0.8，问应并联多大的电容？

（25）一个负载的工频电压为 220 V，功率为 10 kW，功率因数为 0.6，欲将功率因数提高到 0.9，试求所需并联的电容。

（26）在 RLC 串联电路中，已知 $R = 20\ \Omega$，$L = 0.1\ \text{mH}$，$C = 100\ \text{pF}$，求谐振频率 f_0、品质因数 Q 和带宽 Δf。

（27）已知 RLC 串联谐振电路，$L = 800\ \text{mH}$，$C = 0.2\ \mu\text{F}$，$R = 20\ \Omega$，电源电压 $U_S = 0.1\ \text{V}$，求谐振频率 f_0、特性阻抗 Z、品质因数 Q，谐振时的 U_{L0}、U_{C0} 各为多少？

（28）已知 RLC 串联谐振电路，特性阻抗 $\rho = 1\,000\ \Omega$，谐振时的角频率 $\omega_0 = 10^6\ \text{rad/s}$，求元件 L 和 C 的参数值。

（29）已知 RLC 串联谐振电路，电源电压 $U = 1\ \text{V}$，角频率 $\omega_0 = 10^6\ \text{rad/s}$，调节电容 C 使电路发生谐振，此时回路电流 $I_0 = 100\ \text{mA}$，$U_C = 100\ \text{V}$。试求：电路的品质因数 Q、电路元件参数 R、L 和 C。

（30）已知 R、L 和 C 组成的并联谐振电路，$L = 0.25\ \text{mH}$，$C = 80\ \text{pF}$，$R = 12\ \Omega$，电源电压 U_S 为 10 V，求电路的谐振频率 f_0、谐振阻抗 $|Z_0|$、谐振时的总电流 I_0、支路电流 I_{L0} 和 I_{C0} 各为多少？

三相交流电路的装接与检测

由三相交流电源供电的电路称为三相交流电路，电力系统就是三相交流电路的典型实例。本项目主要介绍三相交流电源的产生和对称三相交流电源的特点，讲解三相交流电源与负载的连接方式以及三相交流电路的分析方法。通过学习使学生能熟练进行三相交流电路的装接与负载特性的测试。

任务一　三相负载连接的特性

 **任务目标**

知识目标

①理解对称三相电源的特点；

②掌握三相交流电路中相—线电压与相—线电流的关系；

③懂得三相四线制电路中中线的作用；

④掌握三相负载的星形连接和三角形连接；

⑤掌握三相交流电路的分析方法。

技能目标

①会画出对称三相电源的相量图；

②会画出两种对称电源并标出线—相电压的关系；

③会画出两种对称负载并标出线—相电流的关系；

④会进行对称三相交流电路的计算；

⑤会进行三相交流电路的装接与测试。

任务描述

通过实例引入，使学生理解三相交流电路的概念，掌握三相电路的电源和负载的连接方式；掌握三相负载星形和三角形连接时的相电压、线电压、相电流、线电流之间的关系，明确中线在三相四线制供电电路中的作用；掌握三相电路功率的计算方法。

任务分析

通过生产生活的实际案例分析，掌握三相交流电路的特点以及在生产生活中的应用；掌握三相交流电路负载电压、电流和功率的计算及测量方法。

任务学习

一、三相电源与三相负载

1. 三相交流电路的基本概念

电力系统目前普遍采用对称三相交流电源供电，即由频率相同、幅值相等、相位相差120°的三个正弦电动势供电。由三相交流电源供电的电路称为三相交流电路。

三相交流电与单相交流电相比具有以下优点。

（1）三相交流发电机比功率相同的单相交流发电机体积小、重量轻、成本低。

（2）当输送功率相等、电压相同、输电距离一样，线路损耗也相同时，采用三相制输电比单相制输电可大大节省输电线有色金属的消耗量，即输电成本较低。

（3）目前获得广泛应用的三相异步电动机，是以三相交流电作为电源，它与单相电动机或其他电动机相比，具有结构简单、价格低廉、性能良好和使用维护方便等优点。

2. 对称三相电源的产生

电能可以由多种其他形式的能量转换得到。各种电站、发电厂，其能量的转换均由三相发电机来完成。例如，水力发电是用河流、湖泊等位于高处具有势能的水流至低处，将势能转换成水轮机的动能，由水轮机驱动发电机产生电能；火力发电是用石油、煤炭和天然气等燃料燃烧时产生的热能来加热水，使水变成高温、高压水蒸气，然后再由水蒸气驱动发电机发电；风力发电是风轮在风力的作用下旋转，把风力的动能转变为风轮轴的机械能，再带动发电机旋转发电。三相交流电是如何由三相交流发电机产生的？有何特点？

如图3-1（a）所示，发电机主要由定子和转子两部分组成。定子包括机座、定子铁芯、电枢绕组等几部分。定子铁芯固定在机座里，其内圆表面冲有均匀分布的槽，定子槽内对称嵌放着匝数相等、结构相同、空间彼此相差120°的三个独立绕组（U_1U_2、V_1V_2和W_1W_2）。发电机转子铁芯上绕有励磁线圈，当直流电流通过励磁绕组时产生一个很强的恒定磁场，形成一个可转动的磁极S-N，其磁通经定子铁芯闭合。当转子由原动机驱动做匀速转动时，三相定子绕组切割磁力线而感应出三相交流电动势。由这三相绕组所感应出的三相交流电动势幅值相等、频率相同，彼此之间相位相差120°，称为对称三相电动势。

这里用u_A、u_B、u_C分别表示U、V、W三相绕组的相电压。

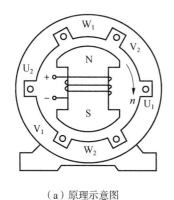　　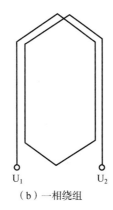　　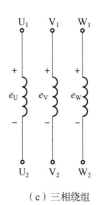

（a）原理示意图　　　　　　　　（b）一相绕组　　　　　　　（c）三相绕组

图 3 - 1　三相交流发电机示意图

对称三相电源的瞬时电压表达式可表示为

$$\begin{cases} u_A = U_m \sin \omega t \\ u_B = U_m \sin(\omega t - 120°) \\ u_C = U_m \sin(\omega t + 120°) \end{cases} \tag{3-1}$$

对称三相电源的电压可以用有效值相量表示为

$$\begin{cases} \dot{U}_A = U \underline{/0°} \\ \dot{U}_B = U \underline{/-120°} \\ \dot{U}_C = U \underline{/120°} \end{cases} \tag{3-2}$$

由式（3-2）可画出对称三相电源的电压相量图如图 3-2 所示。

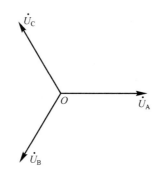

图 3 - 2　对称三相电源的电压相量图

从图 3-2 可以看出，对称三相正弦交流电压的相量和等于零，即

$$\dot{U}_A + \dot{U}_B + \dot{U}_C = 0 \tag{3-3}$$

故，对称三相交流电压在任一瞬间的代数和为零，即

$$u_A + u_B + u_C = 0 \tag{3-4}$$

在三相交流电压中，各相电压到达正的最大值（或相应零值）的先后次序称为相序。顺时针方向按 A - B - C 的次序循环的相序称为顺序或正序，当电源的相位按 C - B - A（A - C - B）的次序循环的相序称为逆序或负序。相序是由发电机转子的旋转方向决定的，通常

采用顺序。为了防止接线错误，低压配电线路中规定用黄、绿、红三色分别表示 A、B、C 三相。

3. 三相电源的连接

发电站发出的三相交流电，通过三相输电线高压传输，变压降压后分配给不同的用户。不同用户的用电设备不同。工厂的用电设备一般为三相低压用电设备，且功率较大；家庭用电设备一般为单相低压用电设备，功率较小。工厂用电设备和家庭用电设备接入电源的连接方式一样吗？电源和负载各有几种连接形式？它们是如何连接的？

后续分析的三相电源都指对称三相电源，三相电源有星形（Y）和三角形（△）两种接法。

1）星形（Y）连接

从三相电源的正极性端引出三根输出线，称为端线（俗称火线），三相电源的负极性端连接为一点，称为电源中性点，用 N 表示。星形连接方式如图 3 – 3 所示。

在星形电源中，每根端线与中线点 N 之间的电压就是每一相的相电压，即

$$\begin{cases} \dot{U}_{AN} = \dot{U}_A \\ \dot{U}_{BN} = \dot{U}_B \\ \dot{U}_{CN} = \dot{U}_C \end{cases} \tag{3-5}$$

其有效值用 U_P 表示。

端线 A、B、C 之间的电压称为线电压。对线电压而言，习惯上采用参考方向为 A 指向 B，B 指向 C，C 指向 A。从图 3 – 3 中可知，线电压有 $\dot{U}_{AB}$、$\dot{U}_{BC}$、$\dot{U}_{CA}$。对称三相线电压的有效值常用 U_L 表示。星形电源线电压与相电压的关系为

$$\begin{cases} \dot{U}_{AB} = \dot{U}_A - \dot{U}_B = \sqrt{3}\,\dot{U}_A \,\angle 30° \\ \dot{U}_{BC} = \dot{U}_B - \dot{U}_C = \sqrt{3}\,\dot{U}_B \,\angle 30° \\ \dot{U}_{CA} = \dot{U}_C - \dot{U}_A = \sqrt{3}\,\dot{U}_C \,\angle 30° \end{cases} \tag{3-6}$$

电源线电压和相电压的相量图如图 3 – 4 所示。

星形连接中，当相电压对称时，线电压也对称，且 $U_L = \sqrt{3}\,U_P$，相位超前于对应的相电压 30°。

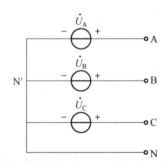

图 3 – 3 星形电源连接

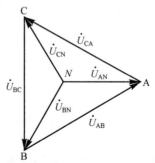

图 3 – 4 星形电源线电压、相电压的相量图

2）三角形（△）连接

将三相电源的始、末端依次首尾相连接形成一个回路，再从端子 A、B、C 引出端线，如图 3 - 5 所示。

从图 3 - 5 中可以得到三角形电源的线电压和相电压的关系为

$$\begin{cases} \dot{U}_{AB} = \dot{U}_{A} \\ \dot{U}_{BC} = \dot{U}_{B} \\ \dot{U}_{CA} = \dot{U}_{C} \end{cases} \qquad (3-7)$$

显然，三角形电源的线电压和对应的相电压有效值相等，即 $U_L = U_P$，相位相同。

电源作三角形连接时，必须把始、末端依次正确连接。在电源的三角形闭合回路内，三相对称，因而总电压为零，即

$$\dot{U}_{A} + \dot{U}_{B} + \dot{U}_{C} = 0$$

因此，空载时，电源内部无环行电流。如果有一相接反了，假定 C 相接反，此时三角形回路内总电压不为零，而为

$$\dot{U}_{A} + \dot{U}_{B} - \dot{U}_{C} = -2\dot{U}_{C}$$

因电源内阻抗很小，此时，在电源内部有很大的环行电流，可能会烧毁电源。为此，可用图 3 - 6 所示方法来判断。当图中电压表指示不为零时，表明接线错误。可改变某一相始末端的接入方向，再次进行测量，逐相改变，直至电压表指示为零时，表示接线正确。

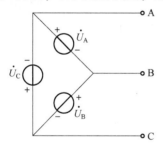

图 3 - 5　三角形电源连接

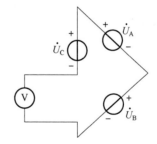

图 3 - 6　三角形电源连接检测方法

4. 三相负载的连接

当三个负载以一定的方式与 A、B、C 三相相连时，称为三相负载。当三相负载具有相同的参数时，称为对称三相负载。与三相电源一样，三相负载也有星形和三角形两种连接方式。

1）三相负载的星形连接

如图 3 - 7 （a）所示，将三相负载的一端连接在公共点（中性点）N'上，另一端 A'、B'、C'分别与三相电源的端线相连，就称为星形连接。如果将负载中性点 N'与电源中性点 N 连接起来，N'N 称为中线，这种用四根导线把电源和负载连接起来的三相电路称为三相四线制。

三相电路中，流经各端线的电流称为线电流，而流过每相负载的电流称为相电流。显然负载连成星形时，线电流等于相电流。流过中线的电流为

$$\dot{I}_{N} = \dot{I}_{A} + \dot{I}_{B} + \dot{I}_{C} \qquad (3-8)$$

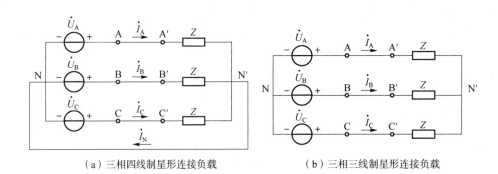

（a）三相四线制星形连接负载　　　　　（b）三相三线制星形连接负载

图 3 – 7　三相四线制和三相三线制星形连接负载

在三相四线制电路中，如果三相电流对称，则中线电流为零，可以省去中线，如图 3 – 7（b）所示。这种用三根导线把电源和负载连接起来的三相电路称为三相三线制电路。

2）三相负载的三角形连接

当三相负载连接成三角形时，称为三角形连接负载，如图 3 – 8（a）所示。此时，各相负载的相电压就是线电压，流过各相负载的相电流分别为 $\dot{I}_{A'B'}$、$\dot{I}_{B'C'}$、$\dot{I}_{C'A'}$。

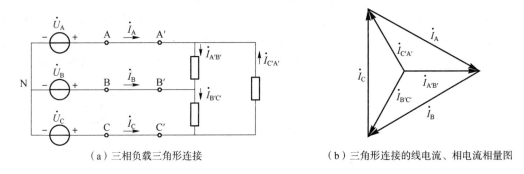

（a）三相负载三角形连接　　　　（b）三角形连接的线电流、相电流相量图

图 3 – 8　三相负载三角形连接及其电流相量关系

如果三个相电流对称，对称相电流的有效值用 I_P 表示。设 $\dot{I}_{A'B'} = I_P \angle 0°$、$\dot{I}_{B'C'} = I_P \angle -120°$，$\dot{I}_{C'A'} = I_P \angle 120°$，则各端线电流 $\dot{I}_A$、$\dot{I}_B$、$\dot{I}_C$ 有

$$\begin{cases} \dot{I}_A = \dot{I}_{A'B'} - \dot{I}_{C'A'} = I_P \angle 0° - I_P \angle 120° = \sqrt{3}\, \dot{I}_{A'B'} \angle -30° \\ \dot{I}_B = \dot{I}_{B'C'} - \dot{I}_{A'B'} = I_P \angle -120° - I_P \angle 0° = \sqrt{3}\, \dot{I}_{B'C'} \angle -30° \\ \dot{I}_C = \dot{I}_{C'A'} - \dot{I}_{B'C'} = I_P \angle 120° - I_P \angle -120° = \sqrt{3}\, \dot{I}_{C'A'} \angle -30° \end{cases} \quad (3-9)$$

在三角形连接中，若相电流对称，则线电流也对称，且线电流的有效值等于相电流的 $\sqrt{3}$ 倍，对称三相线电流的有效值常用 I_L 表示，即 $I_L = \sqrt{3} I_P$。线电流在相位上滞后于对应的相电流 30°。它们的相量关系如图 3 – 8（b）所示。

三相电路系统由三相电源和三相负载连接组成，有 Y – Y 连接、Y – △ 连接、△ – Y 连接、△ – △ 连接四种形式。

[例 3 – 1] 有三个 100 Ω 的电阻，连接成星形与三角形两种形式，分别接到线电压为 380 V 的对称三相电源上，如图 3 – 9 所示。试求：线电压、相电压、线电流和相电流各是

多少?

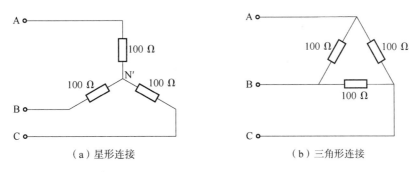

（a）星形连接　　　　　　　　　　　　（b）三角形连接

图 3 – 9　例 3 – 1 电路

解：（1）负载作星形连接，如图 3 – 9（a）所示。负载的线电压为 $U_L = 380$ V

此时，负载的相电压为线电压的 $\dfrac{1}{\sqrt{3}}$，即

$$U_P = \frac{U_L}{\sqrt{3}} = \frac{380}{\sqrt{3}} \text{ V} = 220 \text{ V}$$

负载的相电流等于线电流，即

$$I_P = I_L = \frac{U_P}{R} = \frac{220}{100} \text{ A} = 2.2 \text{ A}$$

（2）负载作三角形连接，如图 3 – 9（b）所示。负载的线电压为 $U_L = 380$ V

此时，负载的相电压等于线电压，即 $U_P = U_L = 380$ V

负载的相电流为 $I_P = \dfrac{U_P}{R} = \dfrac{380}{100} = 3.8(\text{A})$

负载的线电流为相电流的 $\sqrt{3}$ 倍，即

$$I_L = \sqrt{3}\,I_P = \sqrt{3} \times 3.8 \text{ A} = 6.58 \text{ A}$$

二、对称三相电路的分析

三相电路中，三相电源一般都是对称的，如果三相负载对称、三根输电线的复阻抗也对称，那么就构成了三相对称电路。其中，任一部分出现不对称，就称为三相不对称电路。

1. Y – Y 三相系统

图 3 – 10 是一个三相四线制的三相对称电路，图中 Z_L 为输电线的复阻抗，Z_N 为中性线复阻抗，Z 为三相对称负载的复阻抗。

该电路的特点如下。

（1）中线不起作用。即在对称三相电路中，不管有无中线、中线阻抗多大，对电路都没有影响。

（2）各相负载的电压和电流均由本相的电源和负载决定，与其他两相无关，各相具有独立性。

（3）各相的电压、电流均是与电源同相序的对称三相正弦量。

（4）对于对称三相电路的计算，只需取出一相，按单相电路计算。

（5）电源、负载采用三角形连接时，先等效成星形连接，再按单相电路计算。

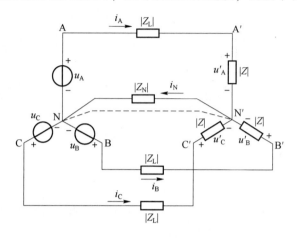

图 3 – 10　Y – Y 三相系统

[**例 3 – 2**] 在图 3 – 10 所示的对称三相四线制电路中，每相输电线和负载的总阻抗值中电阻 $R = 80\ \Omega$，感抗 $X = 60\ \Omega$，中性线电阻 $R_N = 4\ \Omega$，感抗 $X_N = 3\ \Omega$，A 相电源电压为 $u_A = 220\sqrt{2}\sin \omega t$ V。试求负载的相电流。

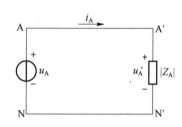

图 3 – 11　例 3 – 2 电路

解：对于对称三相电路的计算，只需取出其中任意一相，按单相电路计算即可。现取出 A 相进行计算，其计算电路如图 3 – 11 所示。

想一想：为什么按单相电路计算时，等效电路中未画出中性线的等效阻抗？

由于采用 Y – Y 连接，相电流等于线电流。A 相电流的有效值为

$$I_A = \frac{U_A}{|Z_A|} = \frac{U_A}{\sqrt{R^2 + X^2}} = \frac{220}{\sqrt{80^2 + 60^2}} = 2.2(\text{A})$$

由于负载是感性负载，负载的阻抗角就是相电压 u_A 超前相电流 i_A 的相位角。负载的阻抗角为

$$\varphi_A = \arctan \frac{X}{R} = \arctan \frac{60}{80} = 36.87°$$

所以，A 相电流（即线电流）的表达式为

$$i_A = 2.2\sqrt{2}\sin(\omega t - 36.87°)\,\text{A}$$

根据对称性，可以写出另外两相电流的表达式，即

$$i_B = 2.2\sqrt{2}\sin(\omega t - 36.87° - 120°)\,\text{A} = 2.2\sqrt{2}\sin(\omega t - 156.87°)\,\text{A}$$

$$i_C = 2.2\sqrt{2}\sin(\omega t - 36.87° + 120°)\,\text{A} = 2.2\sqrt{2}\sin(\omega t + 83.13°)\,\text{A}$$

2. Y – △ 三相系统

如图 3 – 12 所示，三相对称电源，相电压的有效值为 U_P，角频率为 ω，线路阻抗为零；三相负载对称，每相负载的电阻为 R，电抗为 X。该电路中的电流如何计算？

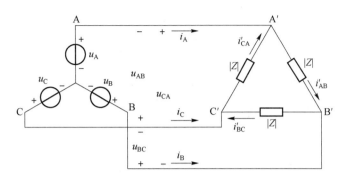

图 3 – 12   Y – △三相系统

因为三相电源对称，同时三相负载也对称，所以该电路是对称三相电路。可以按其中任意一相进行计算。

因为线路阻抗为零，所以负载相电压等于电源线电压，即 $U_{A'B'} = U_L = \sqrt{3}\, U_P$

根据欧姆定律，负载相电流的有效值为

$$I'_P = I'_{AB} = \frac{U_{A'B'}}{\sqrt{R^2 + X^2}} = \frac{\sqrt{3}\, U_P}{\sqrt{R^2 + X^2}}$$

根据对称三角形负载的线电流与相电流关系，可求得线电流的有效值为

$$I_L = I_A = \sqrt{3}\, I'_P = \frac{3U_P}{\sqrt{R^2 + X^2}}$$

负载的相电压与相电流之间的相位差等于负载的阻抗角，即

$$\varphi_{AB} = \arctan \frac{X}{R} \tag{3 – 10}$$

若三相对称电源的相电压 u_A 的初相位 φ 已知，根据对称星形电路中线电压超前对应相电压30°的相位关系，可以确定电源线电压 u_{AB} 的初相位为 $\varphi + 30°$，也就是负载相电压 $u_{A'B'}$ 的初相位为 $\phi + 30°$。再根据式（3 – 10）便可确定负载相电流 $i_{A'B'}$ 的初相位为 $(\phi + 30° - \varphi_{AB})$。

根据对称三角形电路中的线电流滞后对应相电流30°的相位关系，可确定线电流 i_A 的初相位为 $(\varphi - \varphi_{AB})$，这样便可求得线电流 i_A 的解析式为

$$i_A = \sqrt{2}\, I_L \sin(\omega t + \phi - \varphi_{AB})$$

根据对称性，有

$$i_B = \sqrt{2}\, I_L \sin(\omega t + \phi - \varphi_{AB} - 120°)$$
$$i_C = \sqrt{2}\, I_L \sin(\omega t + \phi - \varphi_{AB} + 120°)$$

[**例 3 – 3**] 设图 3 – 12 所示电路是一个对称三相电路，相电压 $u_A = 220\sqrt{2}\sin(\omega t + 30°)$V，线路阻抗为零，每相负载的电阻 $R = 36.64\ \Omega$，感抗 $X = 20\ \Omega$，试求负载的相电压、相电流及线电流。

解： 电源相电压的有效值 $U_P = 220$ V，电源线电压（即负载相电压）的有效值为

$$U_L = \sqrt{3}\, U_P = \sqrt{3} \times 220 = 380(\text{V})$$

负载相电流的有效值

$$I'_P = \frac{U_L}{\sqrt{R^2 + X^2}} = \frac{380}{\sqrt{36.64^2 + 20^2}} = 9.5(\text{A})$$

线电流的有效值　$I'_L = \sqrt{3} I'_P = \sqrt{3} \times 9.5 = 16.45(\text{A})$

由题意知，负载是感性负载，负载的相电压超前相电流的角度为

$$\varphi = \arctan \frac{X}{R} = \arctan \frac{20}{34.64} = 30°$$

由于，A′B′相的负载电压等于电源线电压 u_{AB}，因而 A′B′相的负载电流 i'_{AB} 较电源线电压 u_{AB} 滞后 30°，而电源相电压 u_A 滞后电源线电压 u_{AB} 为 30°，所以 A′B′相负载电流 i'_{AB} 与电源相电压 u_A 同相，其表达式为

$$i'_{AB} = 9.5\sqrt{2} \sin(\omega t + 30°)\,\text{A}$$

根据对称性，可确定其他两相负载电流分别为

$$i'_{BC} = 9.5\sqrt{2} \sin(\omega t + 30° - 120°) = 9.5\sqrt{2} \sin(\omega t - 90°)\,\text{A}$$

$$i'_{CA} = 9.5\sqrt{2} \sin(\omega t + 30° + 120°) = 9.5\sqrt{2} \sin(\omega t + 150°)\,\text{A}$$

根据对称三角形连接的三相电路中线电流与相电流的关系，可确定三个线电流分别为

$$i_A = 16.45\sqrt{2} \sin \omega t\,\text{A}$$

$$i_B = 16.45\sqrt{2} \sin(\omega t - 120°)\,\text{A}$$

$$i_C = 16.45\sqrt{2} \sin(\omega t + 120°)\,\text{A}$$

三、不对称三相电路的分析

不对称三相电路是指电源、负载及连线中有一部分或几部分不对称的三相电路。不对称三相电路不能类似对称三相电路按一相进行计算，但可以应用各种分析复杂电路的方法求解。

工厂用电设备如三相交流电动机等对称三相负载，接在三相四线制电路中时，由于负载对称，中线电流为零，三相四线制的中线可以不接，此时，对负载的正常运行没有影响。而家庭用电设备一般为单相低压用电设备，A、B、C 三相由各单相负载接入时，由于每相负载用电不一定均匀，一般处于三相不对称状态，三相不对称的负载必须接在三相四线制电路中。

在三相四线制电路中，若中性线阻抗为零，则电源中性点与负载中性点间的电压为零，因此，每相负载上的电压一定等于该相电源电压，各相负载电压与各相负载阻抗大小无关。但由于三相负载阻抗不等，所以三相电流将是不对称的，三相电流分别为

$$\begin{cases} I_A = \dfrac{U'_A}{|Z_A|} = \dfrac{U_A}{|Z_A|} \\[2mm] I_B = \dfrac{U'_B}{|Z_B|} = \dfrac{U_B}{|Z_B|} \\[2mm] I_C = \dfrac{U'_C}{|Z_C|} = \dfrac{U_C}{|Z_C|} \end{cases}$$

此时，中线电流 $i_N = i_A + i_B + i_C \neq 0$。

所以，在不对称的三相四线制电路中，中线电流一般不等于零。这表明中性线具有传导三相系统中的不平衡电流或单相电流的作用。

在图 3 – 13（a）所示 Y – Y 连接电路中，三相电源是对称的，但负载不对称。

当开关 S 打开（即不接中线）时，可推导出节点 NN′ 之间的电压为

$$\dot{U}_{\text{N′N}} = \frac{\dot{U}_{\text{A}}Y_{\text{A}} + \dot{U}_{\text{B}}Y_{\text{B}} + \dot{U}_{\text{C}}Y_{\text{C}}}{Y_{\text{A}} + Y_{\text{B}} + Y_{\text{C}}}$$

由于负载不对称，一般 $\dot{U}_{\text{N′N}} \neq 0$，即 N′ 与 N 两点之间存在电位差。相量图如图 3 – 13（b）所示。负载的中点 N′ 与电源中点 N 不重合，发生偏移，势必引起各相电压的畸变，即会出现有的相电压升高，有的相电压降低的情况，有可能造成设备烧毁，破坏各相负载的正常工作。

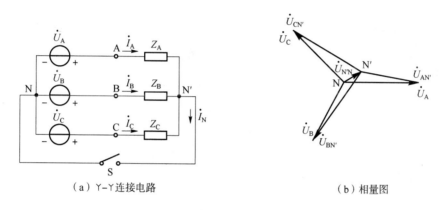

（a）Y – Y 连接电路　　　　　　（b）相量图

图 3 – 13　不对称三相电路

合上开关 S（接上中线）时，由于 $\dot{U}_{\text{N′N}} = 0$，使各相负载电压为各对应的电源对称相电压。中线的作用在于当负载不对称时，保证各相电压仍然对称，都能正常工作；如果一相发生断线，也只影响本相负载，而不影响其他两相负载。

所以，在低压供电系统中广泛采用三相四线制，并且规定中线上不允许接入开关与熔断器，以免开关断开或熔断器烧断，使中线的作用消失而造成用电设备不能正常工作甚至毁坏。

四、三相电路的功率

1. 有功功率

单相电路中有功功率的计算公式是 $P = UI\cos\varphi$。

三相交流电路中，三相负载消耗的总电功率为各相负载消耗功率之和，即

$$P = P_{\text{A}} + P_{\text{B}} + P_{\text{C}} = U_{\text{AN}}I_{\text{A}}\cos\varphi_{\text{A}} + U_{\text{BN}}I_{\text{B}}\cos\varphi_{\text{B}} + U_{\text{BN}}I_{\text{B}}\cos\varphi_{\text{C}} \qquad (3 – 11)$$

式中：φ_{A}、φ_{B}、φ_{C} 分别为各相电压与相电流之间的相位差。

当三相电路对称时，三相交流电路的功率等于三倍的单相功率，即

$$P = 3P_{\text{P}} = 3U_{\text{P}}I_{\text{P}}\cos\varphi \qquad (3 – 12)$$

一般情况下，相电压和相电流不容易测量。因此，通常用线电压和线电流来计算功率。因为对称三相电路中，总有 $3U_{\text{P}}I_{\text{P}} = \sqrt{3}\,U_{\text{L}}I_{\text{L}}$，所以式（3 – 12）可以表示为

$$P = \sqrt{3} U_L I_L \cos \varphi \qquad (3-13)$$

若三相负载不对称，则应分别计算各相功率，三相总功率等于三个单相功率之和。

2. 无功功率

在三相电路中，三相负载的无功功率是各相负载的无功功率之和，即

$$Q = Q_A + Q_B + Q_C = U_{AN}I_A \sin \varphi_A + U_{BN}I_B \sin \varphi_B + U_{CN}I_C \sin \varphi_C \qquad (3-14)$$

同理，对称三相电路中，无功功率用线电压与线电流可表示为

$$Q = \sqrt{3} U_L I_L \sin \varphi \qquad (3-15)$$

3. 视在功率

三相负载的总视在功率为

$$S = \sqrt{P^2 + Q^2}$$

对于对称三相电路，有

$$S = 3U_P I_P = \sqrt{3} U_L I_L \qquad (3-16)$$

三相负载的总功率因数为

$$\lambda = \frac{P}{S} \qquad (3-17)$$

在对称三相电路中 $\lambda = \cos \varphi$，也就是一相负载的功率因数，φ 即为负载的阻抗角。

[**例 3-4**] 已知三相对称感性负载三角形连接，其线电流为 $I_L = 5.5$ A，有功功率为 $P = 7\,760$ W，功率因数 $\cos \varphi = 0.8$，求电源的线电压 U_L、电路的无功功率 Q 和每相阻抗 Z。

解：根据有功功率公式：$P = \sqrt{3} U_L I_L \cos \varphi$

所以电源的线电压 $\quad U_L = \dfrac{P}{\sqrt{3} I_L \cos \varphi} = \dfrac{7\,760}{\sqrt{3} \times 5.5 \times 0.8} = 1\,018.2(\text{V})$

电路的无功功率 $Q = \sqrt{3} U_L I_L \sin \varphi = \sqrt{3} \times 1\,018.2 \times 5.5 \times \sqrt{1 - \cos^2 \varphi} = 5\,819.8(\text{var})$

$$U_P = \frac{1\,018.2}{\sqrt{3}} = 587.86(\text{V})$$

$$|Z| = \frac{U_P}{I_P} = \frac{587.86}{5.5} = 106.9(\Omega)$$

由 $\cos \varphi = 0.8$ 且负载为感性负载可得 $\quad \varphi = 36.9°$

所以 $\qquad\qquad\qquad\qquad Z = 106.9 \angle 36.9° \ \Omega$

4. 三相电路功率的测量

在一般电能计量过程中，三相三线制系统无论是否对称均可采用二表法，三相四线制系统无论是否对称均可采用三表法来测量三相电路的有功功率。

1）二表法

接线原则：两个功率表的电流线圈分别串入两端线中（如 A、B 两端线），电压线圈的非电源端（即非 * 端）共同接到非电流线圈所在的第 3 条端线上（如 C 端线）。即功率表 W_1 的电流线圈流过的是 A 相电流，电压线圈取的是线电压 u_{AC}；功率表 W_2 的电流线圈流过的是 B 相电流，电压线圈取的是电压 u_{BC}，如图 3-14 所示。

应用二表法时要注意以下几点。

（1）两功率表的代数和代表三相电路的总有功功率 P，单个功率表的读数是没有物理意义的。

（2）当功率表的读数为负值时，该功率表反偏，此时为了读数，需将功率表的电流线圈调头，使功率表正偏，但读数应记为负值。

2）三表法

接线原则：三只功率表的电流线圈串入三相中，即分别流过的是三相相电流；电压线圈的两端分别并在端线与中线上，即电压分别是三相的相电压，如图 3－15 所示。

三只功率表分别测量的是 A、B、C 三相负载吸收的功率，三只功率表读数相加，就是三相负载吸收的功率。

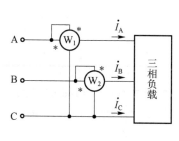

图 3－14　二表法

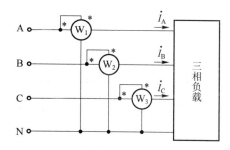

图 3－15　三表法

能力训练

一、实验设备

（1）通用电工实训工作台：一台。

（2）交流电压表、电流表：各一块。

（3）实验电路板：一块。

（4）导线：若干。

二、训练内容及步骤

（1）测量三相负载星形连接时的特性。按图 3－16 所示接线。缓慢调节三相调压器的旋钮，使输出的三相线电压为 220 V。

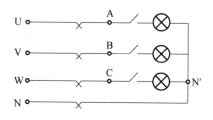

图 3－16　三相四线制连接

①在有中线的情况下，测量三相负载对称和不对称时的各相电流、中线电流和各相电压，观察各灯的亮度。将相关数据和现象记入表 3－1 中。

②在无中线的情况下，测量三相负载对称和不对称时的各相电流、各相电压和电源中点

N 到负载中点 N′的电压 $U_{NN'}$，观察各灯的亮度。将相关数据和现象记入表 3-1 中。

表 3-1　负载星形连接测试数据

中线连接	每相灯数			负载相电压/V			电流/A				$U_{NN'}$/V	亮度比较 A、B、C
	A	B	C	U_A	U_B	U_C	I_A	I_B	I_C	I_N		
有	1	1	1									
	1	2	1									
	1	断开	2									
无	1	断开	2									
	1	2	1									
	1	1	1									
	1	短路	3									

（2）测量三相负载三角形连接时的特性。按图 3-17 所示接线。缓慢调节三相调压器的旋钮，使输出的三相线电压为 220 V。测量三相负载对称和不对称时的各相电流、线电流和各相电压，观察各灯的亮度。将相关数据和现象记入表 3-2 中。

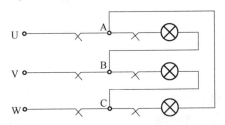

图 3-17　三相负载三角形连接

表 3-2　负载三角形连接测试数据

每相灯数			相电压/V			线电流/A			相电流/A			亮度比较
A-B	B-C	C-A	U_{AB}	U_{BC}	U_{CA}	I_A	I_B	I_C	I_{AB}	I_{BC}	I_{CA}	
1	1	1										
1	2	3										

（3）注意事项。

①每次接线完毕，同组同学应自查一遍，然后由指导教师检查后，方可接通电源，必须严格遵守"先接线、后通电；先断电、后抓线"的操作原则。

②星形负载短路时，必须首先断开中线，以免发生短路事故。

③测量、记录各电压、电流时，注意分清它们是哪一相、哪一线，防止记错。

三、归纳总结

1. 根据表 3-1 中负载星形连接测试数据分析

（1）三相对称负载作星形连接时，线电压 U_L 是相电压 U_P 的_____倍，线电流 I_L_____相电流 I_P，流过中线的电流 I_N 为_____。

（2）不对称三相负载作星形连接时，中线必须_____，以保证三相不对称负载的每相电压_____电源的相电压，从而保证负载能够正常工作。若中线断开，会导致三相负载电压的_____，致使低负载那一相的相电压_____，使负载遭受损坏，高负载一相的相电压_____，使负载不能正常工作。如照明电路中各相负载不能保证完全对称，必须采用_____制供电，绝对不能采用_____制供电，而且零线上不能接_____。不对称三相负载作星形连接时，线电流_____相电流；三相四线制中，中线电流_____0。

2. 根据表 3－2 负载三角形连接测试数据分析

（1）三相对称负载作三角形连接时，线电压 U_L_____相电压 U_P，线电流 I_L 是相电流 I_P 的_____倍。

（2）三相不对称负载作三角形连接时，线电流 I_L 与相电流 I_P 的关系_____，但只要电源的线电压 U_L 对称，加在三相负载上的电压仍_____，对各相负载工作_____影响。

任务测试

（1）三相电路只要作星形连接，则线电压在数值上是相电压的 $\sqrt{3}$ 倍。（　　）

项目三　任务一
习题答案

（2）三相总视在功率等于总有功功率和总无功功率之和。（　　）

（3）对称三相交流电任一时刻瞬时值之和恒等于零，有效值之和恒等于零。（　　）

（4）对称三相星形电路中，线电压超前于其相对应的相电压30°角。（　　）

（5）三相电路的总有功功率 $P = \sqrt{3}\,U_L I_L \cos\varphi$。（　　）

（6）三相负载作三角形连接时，线电流的大小是相电流的 $\sqrt{3}$ 倍。（　　）

（7）三相四线制电路无论对称与不对称，都可以用二表法测量三相功率。（　　）

（8）中线的作用是使三相不对称负载保持对称。（　　）

（9）三相四线制电路无论对称与否，都可以用三表法测量三相总有功功率。（　　）

（10）星形三相电源若测出线电压两个为220 V、一个为380 V时，说明有一相接反。（　　）

（11）负载作星形连接时，必有线电流等于相电流。（　　）

（12）三相不对称负载越接近对称，中线上通过的电流就越小。（　　）

（13）中线不允许断开，因此不能安装保险丝和开关，并且中线截面比火线粗。（　　）

（14）三相发电机绕组接成三相四线制，测得三个相电压 $U_A = U_B = U_C = 220$ V，三个线电压 $U_{AB} = 380$ V，$U_{BC} = U_{CA} = 220$ V，这说明（　　）。

A. A 相绕组接反了　　　　B. B 相绕组接反了　　　　C. C 相绕组接反了

（15）某对称三相电源绕组为星形连接，已知 $\dot{U}_{AB} = 380\ \underline{/15°}$ V，当 $t = 10$ s 时，三个线电压之和为（　　）。

A. 380 V　　　　　　　　B. 0 V　　　　　　　　C. $380/\sqrt{3}$ V

（16）某三相电源绕组连成星形时线电压为 380 V，若将它改接成三角形，线电压为（　　　）。

    A. 380 V   B. 660 V   C. 220 V

（17）已知 $X_C = 6$ Ω 的对称纯电容负载作三角形连接，与对称三相电源相接后测得各线电流均为 10 A，则三相电路的视在功率为（　　　）。

    A. 1 800 VA   B. 600 VA   C. 600 W

（18）测量三相交流电路的功率有很多方法，其中三表法是测量（　　　）电路的功率。

    A. 三相三线制电路   B. 对称三相三线制电路   C. 三相四线制电路

（19）三相四线制电路，已知 $\dot{I}_A = 10 \angle 20°$ A，$\dot{I}_B = 10 \angle -100°$ A，$\dot{I}_C = 10 \angle 140°$ A，则中线电流 $\dot{I}_N$ 为（　　　）。

    A. 10 A   B. 0 A   C. 30 A

（20）三相对称电路是指（　　　）。

    A. 电源对称的电路   B. 负载对称的电路   C. 电源和负载均对称的电路

（21）某三相四线制供电电路中，相电压为 220 V，则火线与火线之间的电压为（　　　）。

    A. 220 V   B. 311 V   C. 380 V

（22）在电源对称的三相四线制电路中，若三相负载不对称，则该负载各相电压（　　　）。

    A. 不对称   B. 仍然对称   C. 不一定对称

（23）三相对称交流电路的瞬时功率为（　　　）。

    A. 一个随时间变化的量   B. 一个常量，其值恰好等于有功功率   C. 0

（24）三相四线制供电线路，已知作星形连接的三相负载中 A 相为纯电阻，B 相为纯电感，C 相为纯电容，通过三相负载的电流均为 10 A，则中线电流为（　　　）。

    A. 30 A   B. 10 A   C. 7.32 A

（25）有"220 V、100 W""220 V、25 W"两盏白炽灯，串联后接入 220 V 交流电源，其亮度情况是（　　　）。

    A. 100 W 灯泡最亮   B. 25 W 灯泡最亮   C. 两只灯泡一样亮

 课后阅读

最早的发电机是由谁发明的？

    世界上第一台发电机是由迈克尔·法拉第（Michael Faraday，1791 年 9 月 22 日至 1867 年 8 月 25 日）发明的，法拉第是世界著名的自学成才的科学家，英国物理学家、化学家，发电机和电动机的发明者。

    人物简介

    1791 年 9 月 22 日一代科学巨匠迈克尔·法拉第降生在英国萨里郡纽因顿一个贫苦的铁匠家庭。法拉第勤奋好学，工作努力，很受戴维器重。他在哥哥的资助下，有幸参加了学者塔特姆领导的青年科学组织——伦敦城哲学会，初步掌握了物理、化学、天文、地质、气象等方面的基础知识，为他以后的研究工作打下了良好的基础。1867 年 8 月 25 日，法拉第因病医治无效逝世，享年 76 岁。

主要成就

1816 年，法拉第发表了第一篇科学论文。

1818 年，法拉第和 J·斯托达特合作研究合金钢，首创了金相分析方法。

1820 年，法拉第用取代反应制得六氯乙烷和四氯乙烯。

1821 年，法拉第完成了第一项重大的电发明。从奥斯特实验中受到启发，他成功地发明了第一台电动机，是第一台使用电流将物体运动的装置。虽然装置简陋，但却是今天世界上使用的所有电动机的祖先。

1831 年 10 月 17 日，法拉第首次发现电磁感应现象，并进而得到产生交流电的方法。1831 年 10 月 28 日法拉第发明了圆盘发电机，是人类创造出的第一台发电机。法拉第因此被誉为"交流电之父"。

课后习题

（1）某三相交流发电机，频率为 50 Hz，相电压的有效值 220 V，试写出三相相电压的瞬时值及相量表达式，并画出波形图和相量图。

（2）某人采用铬铝电阻丝三根，制成三相加热器。每根电阻丝电阻为 40 Ω，最大允许电流为 6 A。试根据电阻丝的最大允许电流决定三相加热器的接法（电源电压为 380 V）。

（3）已知对称三相电路的线电压 380 V，三角形负载阻抗 $Z = 15 + j12\ \Omega$，端线阻抗 $Z_L = 1 + j1\ \Omega$，试求线电流和相电流，并作相量图。

（4）图 3 – 18 所示为对称的 Y – Y 三相电路，负载阻抗，$Z = 30 + j20\ \Omega$，电源的相电压为 220 V。求：

①图中电流表的读数；

②三相负载吸收的功率；

③如果 A 相的负载阻抗等于零（其他不变），再求①、②；

④如果 A 相的负载开路，再求①、②。

（5）对称三相电源的相电压为 220 V。A 相接入一只 220 V、40 W 的灯泡，B、C 相各接入一只 220 V、100 W 灯泡，当中线断开后，试求各灯泡的电压。

（6）三相异步电动机的额定参数为 $P = 7.5$ kW、$\cos \varphi = 0.88$、线电压为 380 V，试求图 3 – 19 中两个功率表的读数。

（7）一个对称三相负载，每相为 4 Ω 电阻和 3 Ω 感抗串联，常用星形接法，三相电源电压为 380 V，求相电流和线电流的大小及三相有功功率 P。

（8）对称三相电源，线电压 $U_L = 380$ V，对称三相感性负载作三角形连接，若测得线电流 $I_L = 17.3$ A，三相功率 $P = 9.12$ kW，求每相负载的电阻和感抗。

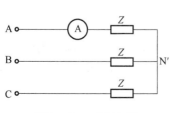

图 3 – 18　三相电路

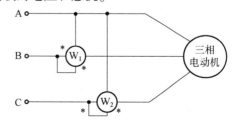

图 3 – 19　习题（6）电路

任务二　变压器电路的装接与检测

任务目标

知识目标

①懂得互感和耦合系数的含义；

②掌握互感线圈中电压与电流的关系；

③理解同名端的意义，掌握互感线圈的分析方法；

④理解理想变压器的特点及作用。

技能目标

①会根据同名端分析互感电压的方向；

②会分析互感串、并联电路并进行等效；

③会进行基本互感电路的计算；

④会进行理想变压器电路的计算；

⑤会进行变压器电路的连接与特性测试。

任务描述

通过对变压器电路装接与检测的学习，使学生了解互感现象，掌握具有互感的线圈两端电压的表示方法，了解耦合系数的含义，熟悉同名端与互感电压极性之间的关系；理解变压器具有的特性，掌握含有变压器电路的分析方法。

任务分析

通过分析两个相邻线圈通电后的电磁感应现象，掌握互感的概念及耦合系数的概念；掌握具有耦合的电感电路的分析计算方法；了解空心变压器和理想变压器的应用。

任务学习

一、互感的概念

1. 互感现象

图 3-20（a）所示为两个相邻的闭合线圈 L_1 和 L_2。设线圈骨架及其周围的磁介质为非铁磁性物质。线圈 1 的匝数为 N_1，线圈 2 的匝数为 N_2。两个线圈分别接入正弦交流电源 u_1 和 u_2，线圈电流分别为 i_1 和 i_2，每个线圈的电流与电压的参考方向是相互关联的，电流与其产生的磁场参考方向符合右手螺旋法则，也相互关联。

当一个线圈中的电流发生变化时，在本线圈中引起的电磁感应现象称为自感，而在相邻线圈中引起的电磁感应现象称为互感。

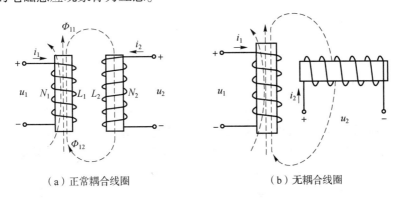

（a）正常耦合线圈　　　　　　　　　（b）无耦合线圈

图 3 – 20　耦合线圈

设线圈 1、2 是存在互感耦合的两个线圈，i_1 在线圈 1 中产生自感磁链（磁通匝链数）为 ψ_{11}，$\psi_{11} = N_1\Phi_{11} = L_1 i_1$（$\Phi_{11}$ 为 i_1 产生的磁场对线圈 1 中每匝提供的磁通）；i_2 在线圈 2 中产生的自感磁链为 ψ_{22}，$\psi_{22} = N_2\Phi_{22} = L_2 i_2$（$\Phi_{22}$ 为 i_2 产生的磁场对线圈 2 中每匝提供的磁通）。

i_1 在线圈 2 中产生互感磁链 ψ_{21}，$\psi_{21} = N_2\Phi_{21} = M_{21} i_1$，$\psi_{21}$ 表示线圈 1 中电流 i_1 产生的磁场对线圈 2 提供的磁通匝链数，Φ_{21} 为 i_1 产生的磁场对线圈 2 中每匝提供的磁通，M_{21} 为线圈 1 与 2 的互感系数；i_2 在线圈 1 中产生磁链 ψ_{12}，$\psi_{12} = N_1\Phi_{12} = M_{12} i_2$，$\psi_{12}$ 表示线圈 2 中电流 i_2 产生的磁场对线圈 1 提供的磁通匝链数，Φ_{12} 为 i_2 产生的磁场对线圈 1 中每匝提供的磁通，M_{12} 为线圈 2 与 1 的互感系数。

由于磁场的耦合作用，每个线圈的磁链不仅与线圈本身的电流有关，也和与之耦合的线圈电流有关，当线圈周围磁介质为非铁磁性物质时，磁链是电流的线性函数。

2. 互感系数 M

只要磁场的介质是静止的，根据电磁场理论可以证明 $M_{21} = M_{12}$，所以，统一用 M 表示，简称互感，其 SI 单位为亨利（H）。

M 的大小反映了一个线圈对另一个线圈产生磁链的能力。互感的大小不仅与两线圈的匝数、形状及尺寸有关，还与两线圈的相对位置有关。如果两线圈使其轴线平行放置，则相距越近，互感便越大；反之越小。而两线圈轴线相互垂直，如图 3 – 20（b）所示，在这种情况下，线圈 1 产生的磁力线几乎不与线圈 2 相交链，互感磁链接近零，所以互感接近零。

当一对耦合线圈的电流产生的磁通只有部分磁通相交链时，彼此不交链的那一部分磁通称为漏磁通。通常用耦合系数 k 来表示线圈耦合的紧密程度，即

$$k = \frac{M}{\sqrt{L_1 L_2}} \qquad 0 \leqslant k \leqslant 1 \qquad (3-18)$$

$k = 1$ 时称为全耦合；$k = 0$ 称为无耦合；k 值较小称为松耦合。

线圈 1、2 同时分别通有电流 i_1 和 i_2 时，线圈 1、2 的总磁链可以看作 i_1 和 i_2 单独作用时磁链的叠加。取电流和磁通的参考方向符合右手螺旋法则，电压和电流为关联参考方向，则两个耦合线圈的磁链可表示为

$$\begin{cases} \psi_1 = \psi_{11} + \psi_{12} = L_1 i_1 \pm M i_2 \\ \psi_2 = \psi_{22} + \psi_{21} = L_2 i_2 \pm M i_1 \end{cases} \tag{3-19}$$

当自感磁链和互感磁链参考方向一致时，线圈的磁链是增强的，M 前面取的是 "$+$" 号；当自感磁链和互感磁链参考方向相反时，线圈的磁链是减弱的，M 前面取的是 "$-$" 号。

3. 互感电压

当电流 i_1 和 i_2 随时间变化时，线圈中磁场及其磁链也随时间变化，将在线圈中产生感应电动势。若忽略线圈电阻，则在线圈两端出现与感应电动势大小相同的电压。在关联参考方向下，根据电磁感应定律，由式（3-19）得出图 3-20 所示两个线圈的感应电压为

$$\begin{cases} u_1(t) = \dfrac{\mathrm{d}\Psi_1}{\mathrm{d}t} = \dfrac{\mathrm{d}\psi_{11}}{\mathrm{d}t} + \dfrac{\mathrm{d}\psi_{12}}{\mathrm{d}t} = L_1 \dfrac{\mathrm{d}i_1}{\mathrm{d}t} \pm M \dfrac{\mathrm{d}i_2}{\mathrm{d}t} = u_{11} + u_{12} \\ u_2(t) = \dfrac{\mathrm{d}\Psi_2}{\mathrm{d}t} = \dfrac{\mathrm{d}\psi_{21}}{\mathrm{d}t} + \dfrac{\mathrm{d}\psi_{22}}{\mathrm{d}t} = L_2 \dfrac{\mathrm{d}i_2}{\mathrm{d}t} \pm M \dfrac{\mathrm{d}i_1}{\mathrm{d}t} = u_{22} + u_{21} \end{cases} \tag{3-20}$$

当电流为正弦交流量时，互感电压用相量表示为

$$\dot{U}_{21} = \mathrm{j}\omega M \dot{I}_1 = \mathrm{j} X_{\mathrm{M}} \dot{I}_1$$

$$\dot{U}_{12} = \mathrm{j}\omega M \dot{I}_2 = \mathrm{j} X_{\mathrm{M}} \dot{I}_2$$

式中 $X_{\mathrm{M}} = \omega M$ 称为互感电抗，单位为 Ω。式（3-20）可写成

$$\begin{cases} u_1 = u_{11} + u_{12} = \mathrm{j}\omega L_1 \dot{I}_1 + \mathrm{j}\omega M \dot{I}_2 \\ u_2 = u_{22} + u_{21} = \mathrm{j}\omega L_2 \dot{I}_2 + \mathrm{j}\omega M \dot{I}_1 \end{cases} \tag{3-21}$$

显然，互感电压的方向与两耦合线圈的实际绕向有关。

4. 同名端

实际应用中，电气设备中的线圈都是密封在壳体内的，无法看到线圈的绕向，因此在电路图中通常采用"同名端标记"表示绕向一致的两相邻线圈的端子。

当 i_1 和 i_2 在互感线圈中产生的磁场方向一致时，线圈的总磁链是增强的，电流 i_1 和 i_2 流入（或流出）的两个端钮称为同名端，用一对 "·" 或 "*" 等标记，如图 3-21 所示。当两线圈的电流参考方向都是从同名端进入（或流出）时，互感为正。

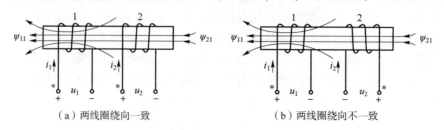

（a）两线圈绕向一致　　　　　　　（b）两线圈绕向不一致

图 3-21　互感线圈与同名端

两个互感线圈的同名端可以根据线圈绕向和相对位置来判别，也可以通过实验方法确定。图 3-22 所示为用直流通断法判别同名端。

当随时间增大的电流从一线圈的同名端流入时，会引起另一线圈同名端电位升高。当开

关 S 闭合的瞬间，如直流电压表正向偏转，则可以判断 1、2 两端为同名端。判断互感线圈的同名端在实际工程中是非常重要的。

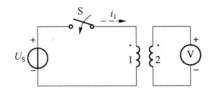

图 3 - 22　同名端的测定

[**例 3 - 5**] 电路如图 3 - 23 所示，试确定开关 S 打开瞬间，22′间电压的实际极性。

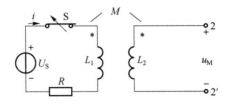

图 3 - 23　例 3 - 5 电路

解： 假定 i 及电压 u_M 的参考方向如图所示。根据同名端原则，可得 22′间互感电压为

$$u_M = M \frac{\mathrm{d}i}{\mathrm{d}t}$$

当开关 S 打开瞬间，正值电流减小，即 $\frac{\mathrm{d}i}{\mathrm{d}t} < 0$，所以 $u_M < 0$，其极性与假设极性相反。所以，22′间电压的实际极性是 2′为高电位端，2 为低电位端。

二、互感线圈的串并联

1. 互感线圈的串联

互感线圈的串联连接有顺串和反串两种方式。

1）顺串

顺串是把两线圈的异名端相连，如图 3 - 24 所示。电流 i 从两线圈的同名端流入，总磁链增强，互感电压为正。

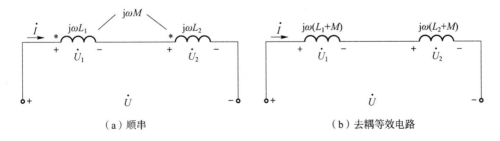

（a）顺串　　　　　　　　　　　　　　　（b）去耦等效电路

图 3 - 24　互感顺串及去耦等效电路

按图示参考方向，由 KVL 方程得

$$\begin{cases} \dot{U}_1 = j\omega L_1 \dot{I} + j\omega M \dot{I} = j\omega(L_1 + M)\dot{I} \\ \dot{U}_2 = j\omega L_2 \dot{I} + j\omega M \dot{I} = j\omega(L_2 + M)\dot{I} \\ \dot{U} = \dot{U}_1 + \dot{U}_2 = j\omega(L_1 + L_2 + 2M)\dot{I} = j\omega L \dot{I} \end{cases} \qquad (3-22)$$

其中 $L = L_1 + L_2 + 2M$，为去耦等效电感。

2）反串

反串是把两线圈的同名端相连，如图 3 - 25 所示，这时电流 $\dot{I}$ 从两线圈的异名端流入。总磁链减弱，互感电压为负。

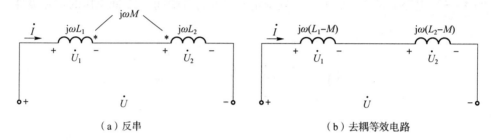

（a）反串　　　　　　　　　　（b）去耦等效电路

图 3 - 25　互感反串及去耦等效电路

按图 3 - 25 所示的参考方向，KVL 方程为

$$\begin{cases} \dot{U}_1 = j\omega L_1 \dot{I} - j\omega M \dot{I} = j\omega(L_1 - M)\dot{I} \\ \dot{U}_2 = j\omega L_2 \dot{I} - j\omega M \dot{I} = j\omega(L_2 - M)\dot{I} \\ \dot{U} = \dot{U}_1 + \dot{U}_2 = j\omega(L_1 + L_2 - 2M)\dot{I} = j\omega L \dot{I} \end{cases} \qquad (3-23)$$

其中 $L = L_1 + L_2 - 2M$，为去耦等效电感。

2. 互感线圈的并联

互感线圈的并联有同侧并联和异侧并联两种方式。

1）同侧并联

互感线圈的同侧并联是两个同名端连接在同一个节点上，如图 3 - 26（a）所示。

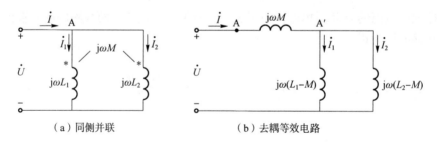

（a）同侧并联　　　　　　　　　（b）去耦等效电路

图 3 - 26　同侧并联及其去耦等效电路

在正弦稳态情况下，按图 3 - 26 所示的参考方向，有

$$\begin{cases} \dot{U} = j\omega L_1 \dot{I}_1 + j\omega M \dot{I}_2 \\ \dot{U} = j\omega L_2 \dot{I}_2 + j\omega M \dot{I}_1 \end{cases}$$

因为 $\dot{I} = \dot{I}_1 + \dot{I}_2$，所以上式可写成

$$\begin{cases} \dot{U} = j\omega M\dot{I} + j\omega(L_1 - M)\dot{I}_1 \\ \dot{U} = j\omega M\dot{I} + j\omega(L_2 - M)\dot{I}_2 \end{cases}$$

其去耦等效电路如图 3-26（b）所示。去耦等效之后，原电路中节点 A 的对应点为图 3-26（b）中的 A 点而非 A′点。

由图 3-26（b）所示电路可求出等效阻抗为

$$Z = j\omega M + \frac{j\omega(L_1 - M) \times j\omega(L_2 - M)}{j\omega(L_1 - M) + j\omega(L_2 - M)} = j\omega\frac{L_1 L_2 - M^2}{L_1 + L_2 - 2M} = j\omega L$$

去耦等效电感为

$$L = \frac{L_1 L_2 - M^2}{L_1 + L_2 - 2M} \tag{3-24}$$

2）异侧并联

互感线圈的异侧并联是两个异名端连接在同一个节点上，如图 3-27（a）所示。

可以证明，只要改变同侧并联电路图 3-26（b）中 M 前的符号就是其等效电路，如图 3-27（b）所示。

去耦等效电感为

$$L = \frac{L_1 L_2 - M^2}{L_1 + L_2 + 2M} \tag{3-25}$$

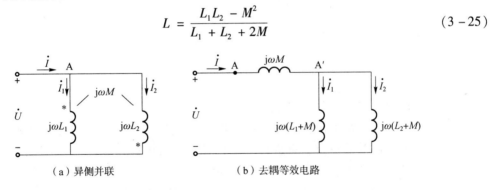

（a）异侧并联　　　　　　　　　　（b）去耦等效电路

图 3-27　异侧并联及其去耦等效电路

3. 两个互感线圈有一端相连

两个互感线圈虽然不是并联，但它们有一个端钮相连接，即有一个公共端，仍然可以把有互感的电路化为去耦等效电路，如图 3-28 所示。

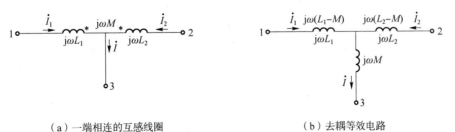

（a）一端相连的互感线圈　　　　　　　　（b）去耦等效电路

图 3-28　只有一端连接的互感线圈及其去耦等效电路

由图 3–28（a）可得

$$\begin{cases} \dot{U}_{13} = j\omega L_1 \dot{I}_1 + j\omega M \dot{I}_2 \\ \dot{U}_{23} = j\omega L_2 \dot{I}_2 + j\omega M \dot{I}_1 \end{cases} \tag{3–26}$$

由于 $\dot{I} = \dot{I}_1 + \dot{I}_2$，所以式（3–26）可写成

$$\begin{cases} \dot{U}_{13} = j\omega(L_1 - M)\dot{I}_1 + j\omega M \dot{I} \\ \dot{U}_{23} = j\omega(L_2 - M)\dot{I}_2 + j\omega M \dot{I} \end{cases}$$

由此可得，去耦等效电路如图 3–28（b）所示。

如改变图 3–28（a）中耦合线圈同名端的位置，如图 3–29（a）所示，同样可推得其去耦等效电路如图 3–29（b）所示。

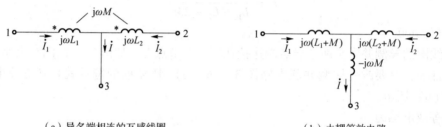

（a）异名端相连的互感线圈　　　　　　　（b）去耦等效电路

图 3–29　异名端连接的互感及其去耦等效电路

三、互感电路的分析计算

对互感电路进行正弦稳态分析时，通常有两种方法：一种是根据 KCL 和 KVL 直接列写相量方程式，常采用支路法和网孔法，因为用电流来表示互感电压既方便又直观；另一种是先画出原电路的去耦等效电路，再进行分析计算。列写相量方程式时，切记在互感线圈两端，不仅有自感电压，还有磁耦合产生的互感电压。

[例 3–6] 已知图 3–30 中，$L_1 = 1$ H，$L_2 = 2$ H，$M = 0.5$ H，$R_1 = R_2 = 1$ kΩ，$u_S = 100\sin 200\pi t$ V，试求电路中电流 i 及耦合系数 k。

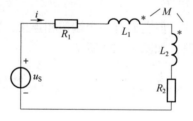

图 3–30　例 3–6 电路

解： 由图 3–30 可知，L_1 与 L_2 反串，回路等效阻抗为

$$Z = R_1 + R_2 + j\omega(L_1 + L_2 - 2M) = (2\,000 + j400\pi)\,\Omega = 2\,360 \underline{/32.1°}\ \Omega$$

$$\dot{I} = \frac{\dot{U}_S}{Z} = \frac{100/\sqrt{2}}{2\,360\ \underline{/32.1°}}\ A = \frac{0.042\,3}{\sqrt{2}}\ \underline{/-32.1°}\ A$$

$$i = 0.042\ 3\sin(200\pi t - 32.1°)\ \text{A}$$

耦合系数为 $\quad k = \dfrac{M}{\sqrt{L_1 L_2}} = \dfrac{0.5}{\sqrt{2}} = 0.354$

[例 3-7] 电路如图 3-31 (a) 所示，已知 $\dot{U}_1 = 10\ \underline{/0°}\ \text{V}, R_1 = R_2 = 3\ \Omega, \omega L_1 = \omega L_2 = 4\ \Omega, \omega M = 2\ \Omega$，试求开路电压 $\dot{U}_2$。

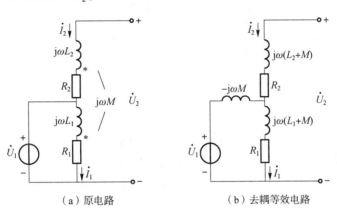

（a）原电路　　　　　　（b）去耦等效电路

图 3-31　例 3-7 电路

解法一： 由题意知 $\dot{I}_2 = 0$，故 L_2 上无自感电压，L_2 对 L_1 也无互感电压作用。
根据图 3-31 所示电路的参考方向可得

$$\dot{U}_2 = j\omega M \dot{I}_1 + \dot{U}_1 = j\omega M \dot{I}_1 + (R_1 + j\omega L_1)\dot{I}_1$$

解得

$$\dot{I}_1 = \frac{\dot{U}_1}{R_1 + j\omega L_1} = \frac{10\ \underline{/0°}}{3 + j4} = 2\ \underline{/-53.1°}\ \text{A}$$

$$\dot{U}_2 = j\omega M I_1 + \dot{U}_1 = j2 \times 2\ \underline{/-53.1°} + 10\ \underline{/0°} = 13.4\ \underline{/10.3°}\ \text{V}$$

解法二： 原电路的去耦等效电路如图 3-31 (b) 所示。

因为 $\dot{I}_2 = 0$

所以 $\dot{U}_2 = \dfrac{R_1 + j\omega(L_1 + M)}{R_1 + j\omega(L_1 + M) - j\omega M}\dot{U}_1 = \dfrac{3 + j6}{3 + j4}10\ \underline{/0°} = 13.4\ \underline{/10.3°}\ \text{V}$

四、理想变压器

变压器是利用互感现象从一个电路向另一个电路传输能量或变换信号的器件。变压器一般有两个线圈，为了加强磁耦合，常将两个线圈绕在一个骨架上，一个线圈与电源相连，称为原边或初级，另一个线圈与负载相连，称为副边或次级。

空心变压器是由绕在非铁磁性材料骨架上并且具有互感的线圈组成的，它不会产生由铁芯引起的能量损耗，广泛应用在高频电路和测量设备中。

1. 理想变压器概念

理想变压器是从各种实际变压器中抽象出来的理想化模型。其互感线圈不消耗能量；耦合

系数 $k=1$，没有漏磁通；原边与副边的电感和互感均为无穷大，即 $L_1 \to \infty$，$L_2 \to \infty$，$M \to \infty$。

从结构上看，理想变压器中每个绕组的电阻可以忽略，分布电容也可忽略不计，线圈密绕在磁导率 μ 为无穷大的磁性材料芯上。其电路模型如图 3-32 所示。

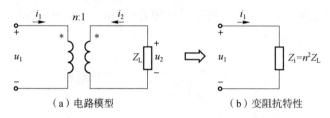

（a）电路模型　　　　　　　　　（b）变阻抗特性

图 3-32　理想变压器电路模型

2. 理想变压器特性

理想变压器是无记忆性、无动态过程的无损元件。设理想变压器的原边匝数为 N_1、副边匝数为 N_2，匝数比为 $n = N_1/N_2$。匝数比 n 是理想变压器的唯一参数。按图 3-32 所示的同名端及电压、电流参考方向，可得原、副边电压和电流关系为

$$u_1 = nu_2$$

即

$$\frac{u_1}{u_2} = n$$

由于

$$u_1 i_1 + u_2 i_2 = 0$$

故

$$\frac{i_1}{i_2} = -\frac{u_2}{u_1} = -\frac{1}{n}$$

理想变压器具有变阻抗特性，如图 3-32（b）所示。原边的输入端阻抗为

$$Z_i = \frac{\dot{U}_1}{\dot{I}_1} = \frac{n\dot{U}_2}{-\frac{1}{n}\dot{I}_2} = n^2\left(-\frac{\dot{U}_2}{\dot{I}_2}\right) = n^2 Z_L$$

理想变压器输出端口接有阻抗 Z_L，则折合到原边时，输入端口的输入端阻抗为 $n^2 Z_L$。

[**例 3-8**] 图 3-33（a）所示理想变压器的匝数比为 1:10，$R_1 = 1\ \Omega$，$R_2 = 50\ \Omega$，$u_S = 10\sin 10t$ V，求 u_2。

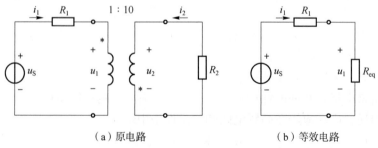

（a）原电路　　　　　　　　　　（b）等效电路

图 3-33　例 3-8 电路

解法一：用回路电流法，根据图 3 - 33（a）可得

$$R_1 i_1 + u_1 = u_S$$
$$R_2 i_2 + u_2 = 0$$

理想变压器的电压、电流关系为

$$u_1 = -n u_2 = -\frac{1}{10} u_2$$

$$i_1 = \frac{1}{n} i_2 = 10 i_2$$

解得

$$u_2 = -\frac{10 u_S}{3} = -33.3 \sin 10t \text{ V}$$

解法二：用阻抗变换法，等效电路如图 3 - 33（b）所示。

$$R_{eq} = n^2 R_2 = \frac{1}{100} \times 50 = 0.5(\Omega)$$

$$u_1 = \frac{R_{eq}}{R_1 + R_{eq}} u_S = \frac{1}{3} u_S$$

$$u_2 = -\frac{1}{n} u_1 = -10 u_1 = -\frac{10}{3} u_S = -33.3 \sin 10t (\text{V})$$

能力训练

一、仪器设备

（1）通用电工实训工作台（配自耦调压器）：一台。

（2）交流电流表、交流电压表：各一块。

（3）连接导线：若干。

（4）滑线电阻器：一只。

（5）低功率因数瓦特表：一块。

（6）单相变压器：一台。

二、训练内容及步骤

（1）空载实验。按图 3 - 34 所示接线，变压器采用副绕组加电压原绕组开路的方法，副绕组选 110 V 组。调节自耦调压器使输出电压为低压侧额定值的 1.2 倍，即 $1.2 U_N$，然后逐渐降低至 $0.2 U_N$ 为止，取 7~9 个点，测量高压侧开路电压 U_0、低压侧空载电流 I_0、空载损耗 P_0，将数据填入表 3 - 3 中。其中 $U = U_N$ 的点必须测，并在该点附近应多测一些点。因变压器空载时功率因数很低，所以用低功率因数功率表测功率。

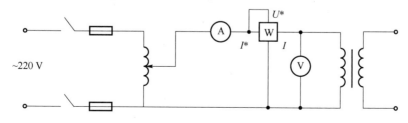

图 3 - 34　变压器空载实验电路

表 3 - 3　变压器空载测量数据

测量项目	1	2	3	4	5	6	7	8	9
U/V									
高压侧开路电压 U_0									
I_0/A									
P_0/W									

（2）短路试验。按图 3 - 35 所示接线，用导线将副边短路。断开三相交流电源，将调压器旋钮沿逆时针方向旋转到底，使输出电压为零。由于短路电压一般都很低，所以调压器一定要旋到零位才能闭合电源开关，然后逐渐增加电压，使高压侧达到 $1.1I_N$ 为止。在 $0.5 \sim 1.1I_N$ 范围内测取变压器的电压 U_K、电流 I_K 和功率 P_K，共取 6 ~ 7 组数据记录于表 3 - 4 中，其中高压侧电流 $I = I_N$ 的点必测，并记录实验时周围环境温度（℃）。

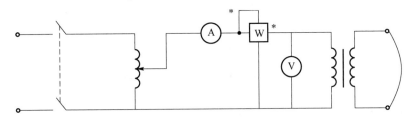

图 3 - 35　变压器短路试验电路

表 3 - 4　变压器短路测量数据（室温 $\theta =$ ＿＿℃）

序　号	实　验　数　据			计算数据
	U/V	I/A	P/W	$\cos \varphi_k$
1				
2				
3				
4				
5				
6				

（3）测定变压器的外特性（电阻性负载）。按图 3 - 36 所示接线，用自耦调压器维持单相变压器原边电压 220 V 始终不变。逐一合上开关，逐渐增加负载电流，即减小负载电阻 R_L 的值，从空载起到副边电流达额定值为止，在此范围内读取五、六点数（包括空载和负载达到额定值），测取变压器的输出电压 U_2 和电流 I_2，记录于表 3 - 5 中。

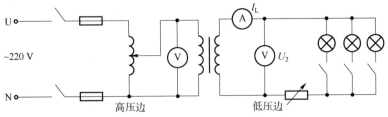

图 3 - 36　变压器外特性试验电路

表 3 - 5　变压器外特性测量数据

测量项目	1	2	3	4	5	6	7
U_2/V							
I_2/A							

训练思考

（1）变压器的空载和短路各有什么特点？电源电压一般加在哪一侧较合适？

（2）在空载和短路训练中，各种仪表应怎样连接才能使测量误差最小？

（3）当变压器接上电阻负载时，副绕组电压将随着负载电流增大而逐渐下降。如果变压器的负载不是电阻而是电感性或电容性负载，则情况将会怎么样？

任务测试

（1）由于线圈本身的电流变化而在本线圈中引起的电磁感应称为自感。（　）

（2）任意两个相邻较近的线圈总是存在着互感现象。（　）

（3）由同一电流引起的感应电压，其极性始终保持一致的端子称为同名端。（　）

（4）两个串联互感线圈的感应电压极性，取决于电流流向，与同名端无关。（　）

（5）顺向串联的两个互感线圈，等效电感量为它们的电感量之和。（　）

（6）同侧相并的两个互感线圈，其等效电感量比它们异侧相并时的大。（　）

（7）通过互感线圈的电流若同时流入同名端，则它们产生的感应电压彼此增强。（　）

（8）耦合电感正确的顺接串联是同名端相接的串联。（　）

（9）耦合电感正确的同侧并联是同名端相接的并联。（　）

（10）符合全耦合、参数无穷大、无损耗三个条件的变压器称为（　）。

A. 空心变压器　　　　B. 理想变压器　　　　C. 实际变压器

（11）线圈几何尺寸确定后，其互感电压的大小正比于相邻线圈中电流的（　）。

A. 大小　　　　B. 变化量　　　　C. 变化率

（12）两互感线圈的耦合系数 $k =$ （　）。

A. $\dfrac{\sqrt{M}}{L_1 L_2}$　　　　B. $\dfrac{M}{\sqrt{L_1 L_2}}$　　　　C. $\dfrac{M}{L_1 L_2}$

（13）两互感线圈同侧相并时，其等效电感量 $L_{同} =$ （　）。

A. $L_1 + L_2 - 2M$　　B. $L_1 + L_2 + 2M^2$　　C. $L_1 + L_2 - M^2$

（14）两互感线圈顺向串联时，其等效电感量 $L_{顺} =$ （　）。

A. $L_1 + L_2 - 2M$　　B. $L_1 + L_2 + M$　　C. $L_1 + L_2 + 2M$

（15）当流过一个线圈中的电流发生变化时，在线圈本身所引起的电磁感应现象称____ _____现象，若本线圈电流变化在相邻线圈中引起感应电压，则称为_____现象。

（16）当端口电压、电流为_____参考方向时，自感电压取正；若端口电压、电流的参考方向_____时，则自感电压为负。

（17）互感电压的正负与电流的_____及_____端有关。

（18）理想变压器具有_____电压特性、_____电流特性和变换_____特性。

课后阅读

电流的磁效应是谁发现的?

电流的磁效应是由汉斯·克里斯蒂安·奥斯特（Hans Christian Oersted，1777年8月14日至1851年3月9日），丹麦物理学家、化学家，于1820年发现的。

人物简介

奥斯特1777年8月14日生于兰格朗岛鲁德乔宾的一个药剂师家庭。1794年考入哥本哈根大学，1799年获博士学位。1801—1803年去德、法等国访问，结识了许多物理学家及化学家。1806年起任哥本哈根大学物理学教授，1815年起任丹麦皇家学会常务秘书。1820年因电流磁效应这一杰出发现获英国皇家学会科普利奖章。1829年起任哥本哈根工学院院长。1851年3月9日在哥本哈根逝世。

主要成就

奥斯特曾对物理学、化学和哲学进行过多方面的研究。由于受康德哲学与谢林的自然哲学的影响，坚信自然力是可以相互转化的，长期探索电与磁之间的联系。1820年4月终于发现了电流对磁针的作用，即电流的磁效应。同年7月21日发表了"关于磁针上电冲突作用的实验"的论文，这篇论文对欧洲物理学界产生了极大震动，导致了大批实验成果的出现，由此开辟了物理学的新领域——电磁学。

奥斯特的重要论文在1920年整理出版，书名是《奥斯特科学论文》。

1822年奥斯特精密地测定了水的压缩系数值，论证了水的可压缩性。1823年他对温差电势作出了成功的研究。1824年倡议成立丹麦科学促进协会，创建了丹麦第一个物理实验室。

1908年丹麦自然科学促进协会建立"奥斯特奖章"，以表彰做出重大贡献的物理学家。1934年以"奥斯特"命名CGS单位制中的磁场强度单位。1937年美国物理教师协会设立"奥斯特奖章"，奖励在物理教学上做出贡献的物理教师。

课后练习

（1）试确定图3-37所示耦合线圈的同名端。

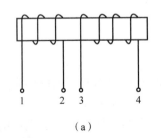

（a）

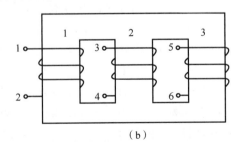

（b）

图3-37 线圈电路

（2）图 3 - 38 中 L_1 接通频率为 500 Hz 的正弦电源时，电流表读数为 1 A，电压表读数为 31.4 V。试求两线圈的互感系数 M。

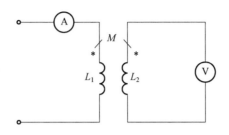

图 3 - 38　习题（2）电路

（3）图 3 - 39 所示电路中 $L_1 = 6$ H，$L_2 = 3$ H，$M = 4$ H。试求从端子 1、2 看进去的等效电感。

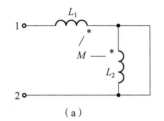 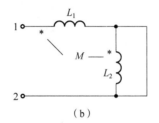

（a）　　　　　　　　　　　　　　　　　　（b）

图 3 - 39　习题（3）电路

（4）图 3 - 40 所示为一变压器，原边接 220 V 正弦交流电源，副边有两个线圈，分别测得 U_{34} 为 12 V、U_{56} 为 24 V，求图示两种接法时伏特表的读数。

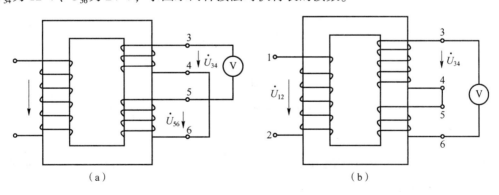

（a）　　　　　　　　　　　　　　　　　　（b）

图 3 - 40　习题（4）电路

（5）图 3 - 41 所示电路，已知 $i_S = 2\sin 10t$ A，$L_1 = 0.3$ H，$L_2 = 0.5$ H，$M = 0.1$ H，求电压 u。

（6）图 3 - 42 所示电路中耦合系数 $k = 0.9$，求电路的输入阻抗（设角频率 $\omega = 2$ rad/s）。

（7）求图 3 - 43 所示一端口电路的戴维南等效电路。已知 $\omega L_1 = \omega L_2 = 10$ Ω，$\omega M = 5$ Ω，$R_1 = R_2 = 6$ Ω，$\dot{U}_1 = 60 \underline{/0°}$ V。

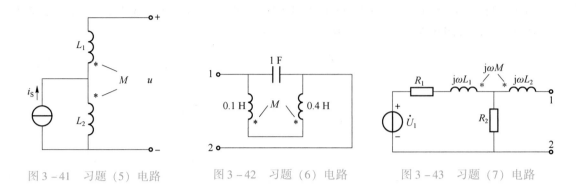

图 3-41 习题（5）电路　　　图 3-42 习题（6）电路　　　图 3-43 习题（7）电路

（8）图 3-44 所示电路中，为使 R_L 电阻能获得最大功率，试求理想变压器的变比 n。

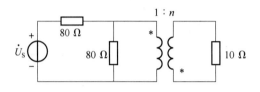

图 3-44 习题（8）电路

（9）图 3-45 所示电路中理想变压器的 $n = 2$，$R_1 = R_2 = 10\ \Omega$，$\dfrac{1}{\omega C} = 50\ \Omega$，$\dot{U} = 50\ \underline{/0°}\ \text{V}$。求流过 R_2 的电流。

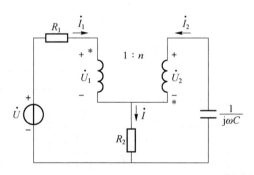

图 3-45 习题（9）电路

（10）图 3-46 所示电路中 $\dot{U}_S = 2\ \underline{/0°}\ \text{V}$，$R_1 = 2\ \Omega$，$jX_C = -j8\Omega$，理想变压器的变比为 $n = 2$，试求 $\dot{U}_1$ 和 $\dot{U}_2$。

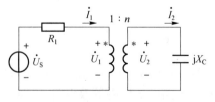

图 3-46 习题（10）电路

动态电路与非正弦周期电路的分析与测试

本项目通过对动态电路及非正弦周期信号电路的学习，阐述动态电路、换路定律、时间常数、零输入响应、零状态响应等概念，重点介绍一阶动态电路的三要素分析方法及非正弦周期信号的分解、频谱、有效值、平均值与平均功率、非正弦周期电路的分析方法。

任务一　动态电路的分析

 **任务目标**

知识目标

①了解电路的暂态和稳态；

②懂得时间常数的物理意义；

③掌握换路定律及初始值的求法；

④掌握一阶线性电路分析的三要素法。

技能目标

①会用换路定律进行初始值计算；

②会用三要素法进行一阶电路的分析计算；

③会测量一阶动态电路的时间常数；

④会用示波器观测动态电路的波形。

 **任务描述**

通过对动态电路的学习，使学生理解电路的暂态和稳态的零输入响应、零状态响应及全

响应的概念，理解时间常数的物理意义；掌握换路定律及初始值的求法；掌握一阶线性电路分析的三要素法。

任务分析

通过对 RC 一阶电路的响应测试，使学生掌握动态电路时间常数的测量方法及微分电路和积分电路的概念和应用。

任务学习

一、电路的暂态和稳态

在日常生活中，电扇、空调、大功率的电吹风等在工作时突然拔下电源插头，插头处会出现明显的电弧；在企业的生产过程中，如果大型加工设备在工作时强行拔下电源插头，插头处会出现很强的电弧，可能会使电气设备或元件损坏或操作人员灼伤；在变电站如果误操作断路器，则产生的电弧会使操作人员烧伤甚至死亡……这些都是暂态过程现象。研究暂态现象，可以对其有害的一面加以防止或克服，同时利用电路工作的暂态过程为工业生产服务。

实际工程应用中，可以利用暂态过程产生的电弧来切割和焊接金属，如 WSM-250 型逆变式直流脉冲氩弧电焊机、ZX7-500 IGBT 型逆变直流电焊机等的应用；汽车工业中，可以利用 RLC 电路暂态响应实现汽车的电子打火，制成汽车点火系统；在电子电路中，可以应用电路暂态过程产生特定波形的电信号，如锯齿波、三角波、尖脉冲等，电路暂态过程也常用于正弦波振荡器和低通滤波器等。

稳态过程（简称稳态）是指在一定条件下电路中电压、电流已达到稳定值。而暂态过程（简称暂态），是指电路从一种稳态变化到另一种稳态的过渡过程。

产生暂态过程的原因是由于物体所具有的能量不能突变（跃变）造成的。产生暂态过程的必要条件是：①电路中含有储能元件电感或电容（内因）；②电路发生换路（外因）。

二、换路定律

换路是指电路的状态发生改变，如电路接通、切断、短路、电信号突变或电路参数改变等。

含有动态元件电容 C 和电感 L 的电路称为动态电路。电感 L 的磁场能量 $W_L = 0.5LI^2$ 和电容 C 的电场能量 $W_C = 0.5CU_C^2$，在换路瞬间不能突变。

换路定律：对含有电感和电容元件的电路，在换路瞬间，电感电流和电容电压不能突变。

由于电感元件所储存的磁场能量在换路的瞬间保持不变；否则将产生无穷大的功率，因此可得

$$i_L(0_+) = i_L(0_-) \qquad (4-1)$$

由于电容元件所储存的电场能量在换路的瞬间保持不变；否则将产生无穷大的功率，因此可得

$$u_C(0_+) = u_C(0_-) \qquad (4-2)$$

式（4-1）和式（4-2）中的 $t=0_-$ 表示换路前的终了瞬间，$t=0_+$ 表示换路后的初始瞬间（初始值），而 $t=0$ 表示换路瞬间（定为计时起点）。

注意：在换路时，只是电容电压和电感电流不能突变，而电路中其他的电压和电流是可以突变的。

三、电路初始值的确定

确定电路初始值就是确定电路中各电压、电流在 $t=0_+$ 时的数值。求解初始值的步骤如下。

（1）求出 $u_C(0_-)$ 和 $i_L(0_-)$。

画出 $t=0_-$ 时的电路，在直流电路中，电容元件用开路代替，电感元件用短路代替。求出换路前瞬间电容电压 $u_C(0_-)$ 和电感电流 $i_L(0_-)$ 的值。

（2）由换路定律求 $u_C(0_+)$ 和 $i_L(0_+)$。

（3）画出 $t=0_+$ 时的等效电路。

用 $u_C(0_+)$ 电压源替换电容 C，若 $u_C(0_+)=0$，则用短路线代替；用 $i_L(0_+)$ 电流源替换电感 L，若 $i_L(0_+)=0$，则用开路代替。

（4）由 $t=0_+$ 时的等效电路求电路的其他电压和电流在 $t=0_+$ 时的初始值。

[例4-1] 在图4-1（a）所示电路中，开关S在 $t=0$ 时闭合，开关闭合前电路已处于稳定状态。试求初始值 $u_C(0_+)$、$i_L(0_+)$、$i_1(0_+)$、$i_2(0_+)$、$i_C(0_+)$ 和 $u_L(0_+)$。

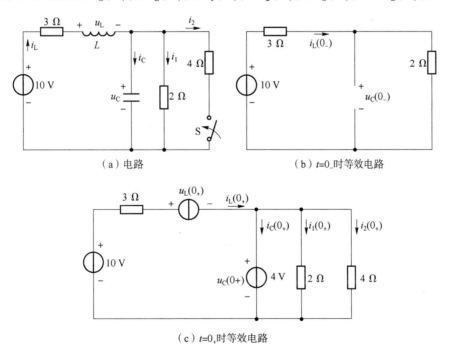

（a）电路　　　　　　　　　　　　（b）$t=0_-$ 时等效电路

（c）$t=0_+$ 时等效电路

图 4-1　例 4-1 电路

解：（1）求出 $u_C(0_-)$ 和 $i_L(0_-)$。

换路前在直流稳态电路中，电容元件相当于开路，电感元件相当于短路，画出 $t=0_-$ 时

的等效电路如图 4-1（b）所示，由该图可知

$$u_C(0_-) = 10 \times \frac{2}{3+2} = 4(\mathrm{V})$$

$$i_L(0_-) = \frac{10}{3+2} = 2(\mathrm{A})$$

（2）由换路定律得

$$u_C(0_+) = u_C(0_-) = 4\ \mathrm{V}$$

$$i_L(0_+) = i_L(0_-) = 2\ \mathrm{A}$$

因此，在 $t=0_+$ 瞬间，电容元件相当于一个 4 V 的电压源，电感元件相当于一个 2 A 的电流源。据此画出 $t=0_+$ 时刻的等效电路，如图 4-1（c）所示。

（3）在 $t=0_+$ 电路中，应用直流电阻电路的分析方法，可求出电路中其他电流、电压的初始值，即

$$i_1(0_+) = \frac{4}{2} = 2(\mathrm{A}) \qquad i_2(0_+) = \frac{4}{4} = 1(\mathrm{A})$$

$$i_C(0_+) = i_L(0_+) - i_1(0_+) - i_2(0_+) = 2 - 2 - 1 = -1(\mathrm{A})$$

$$u_L(0_+) = 10 - i_L(0_+) \times 3 - u_C(0_+) = 10 - 3 \times 2 - 4 = 0(\mathrm{V})$$

[例 4-2] 求图 4-2（a）所示电路中支路电流 i_{L1}、i_{L2}、i_C 的初始值。

解：（1）开关闭合前的稳态电路为直流电路，一个电容元件相当于开路，两个电感元件相当于短路，$t=0_-$ 时的等效电路如图 4-2（b）所示。可求得

$$i_{L1}(0_-) = i_{L2}(0_-) = \frac{16}{10+4+6} = 0.8(\mathrm{A}) \qquad u_C(0_-) = 6 \times 0.8 = 4.8(\mathrm{V})$$

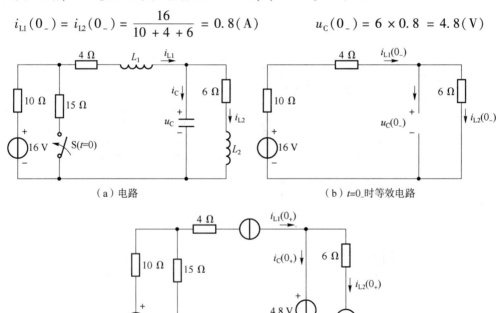

（a）电路　　　　　　　　　　　　　　　（b）$t=0_-$ 时等效电路

（c）$t=0_+$ 时等效电路

图 4-2　电路原理

（2）由换路定律得

$i_{L1}(0_+) = i_{L1}(0_-) = 0.8\ \mathrm{A}$ 　　　 $i_{L2}(0_+) = i_{L2}(0_-) = 0.8\ \mathrm{A}$ 　　　 $u_C(0_+) = u_C(0_-) = 4.8\ \mathrm{V}$

（3）$t = 0_+$ 时的等效电路如图 4-2（c）所示。

（4）求得：$i_C(0_+) = i_{L1}(0_+) - i_{L2}(0_+) = 0\ \mathrm{A}$

四、零输入响应

只含有一个储能元件或可等效为一个储能元件，能够用一阶微方程描述的电路，称为一阶电路。一阶电路，如无外加电源激励，仅储能元件的初始储能所产生的响应，称为一阶零输入响应。

1. RC 电路的零输入响应

如图 4-3 所示，电容 C 的初始电压为 U_0，$t = 0$ 时刻开关闭合，根据 KVL 有

$$u_C = u_R, u_R = iR, i = -C\frac{\mathrm{d}u_C}{\mathrm{d}t}$$

即

$$RC\frac{\mathrm{d}u_C}{\mathrm{d}t} + u_C = 0 (t \geqslant 0) \tag{4-3}$$

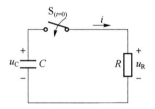

图 4-3　一阶 RC 零输入响应电路

微分方程的解为

$$u_C(t) = U_0 \mathrm{e}^{-\frac{1}{RC}t} = U_0 \mathrm{e}^{-\frac{1}{\tau}t} \quad t \geqslant 0 \tag{4-4}$$

电容电流为

$$i_C(t) = -C\frac{\mathrm{d}u_C}{\mathrm{d}t} = \frac{U_0}{R}\mathrm{e}^{-\frac{1}{RC}t} = \frac{U_0}{R}\mathrm{e}^{-\frac{1}{\tau}t} \quad t \geqslant 0$$

电阻电压为

$$u_R(t) = u_C(t) = U_0 \mathrm{e}^{-\frac{1}{RC}t} = U_0 \mathrm{e}^{-\frac{1}{\tau}t} \quad t \geqslant 0$$

电压 $u_C(t)$、$u_R(t)$ 和电流 $i_C(t)$ 都是按同样的指数规律衰减的，如图 4-4 所示，其衰减速率取决于 RC 的值。令 $\tau = RC$，称为时间常数，单位为 s。时间常数是反映电路过渡过程变化快慢的物理量，τ 只与电路本身的参数 R 和 C 的乘积有关，与电路的初始状态和外加激励无关。

令 $t = \tau$，则式（4-4）的值为 $u_C(\tau) = U_0 \mathrm{e}^{-1} = 0.368 U_0$，即 τ 是电容电压（或电路电流）衰减到初始值的 36.8% 所需要的时间。

当 $t = 5\tau$ 时，电容电压只有初始值的 0.7%，一般认为到此过渡过程基本结束，电路已进入新的稳定状态。所以 5τ 是衡量过渡过程时间的标志。实际工程应用中，当 $t = (3 \sim 5)\ \tau$ 时，

认为过渡过程已经结束。

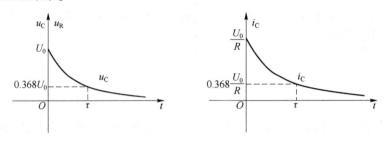

图 4 - 4　一阶 RC 零输入响应曲线

[**例 4 - 3**] 有一电容 $C = 40$ μF 的电容器从高压电路断开，断开时电容器电压 $U_0 = 5.77$ kV，断开后，电容器经它本身的漏电阻放电。如电容器的漏电阻 $R = 100$ MΩ，试问断开后多久电容器的电压衰减为 1 kV？

解：电路的时间常数为：$\tau = RC = 100 \times 10^6 \times 40 \times 10^{-6}$s $= 4\ 000$ s

$$u_C(t) = U_0 e^{-\frac{1}{RC}t} = 5.77 e^{-\frac{1}{4\ 000}t} \text{kV} = 1 \text{ kV}$$

则　　　　　　　　　　　　　　$t = 4\ 000 \ln 5.77 \text{s} = 7\ 011$ s

由于 C 与 R 都比较大，放电持续时间很长，所以电容器从电路断开后，经过约 2 h，仍有 1 kV 的高电压。在检修具有大电容的设备时，停电后须先将其短接放电才能工作。

2. RL 电路的零输入响应

没有外电源，由电感中初始储能引起的响应，称为 RL 零输入响应。

如图 4 - 5 所示，电感 L 的初始电流为 I_0，$t = 0$ 时刻开关闭合，根据 KVL 有

$$u_R + u_L = 0, u_R = i_L R, u_L = L \frac{di_L}{dt}$$

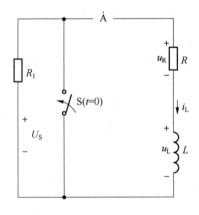

图 4 - 5　一阶 RL 零输入响应电路

即

$$L \frac{di_L}{dt} + Ri_L = 0 \quad t \geqslant 0 \tag{4 - 5}$$

微分方程的解为

$$i_L(t) = I_0 e^{-\frac{1}{L/R}t} = I_0 e^{-\frac{1}{\tau}t} \quad t \geqslant 0 \tag{4 - 6}$$

时间常数 $\tau = L/R$，反映了过渡过程进行的快慢。

电阻电压为

$$u_{\mathrm{R}}(t) = i_{\mathrm{L}}R = I_0 R e^{-\frac{1}{L/R}t} = I_0 R e^{-\frac{1}{\tau}t}$$

电感电压为

$$u_{\mathrm{L}}(t) = L\frac{\mathrm{d}i_{\mathrm{L}}}{\mathrm{d}t} = -I_0 R e^{-\frac{1}{L/R}t} = -I_0 R e^{-\frac{1}{\tau}t}$$

一阶 RL 电路的零输入响应曲线和一阶 RC 电路的零输入响应曲线一样，也按指数规律变化，如图 4-6 所示。

根据以上分析可知，一阶电路的零输入响应的变化规律相同，均为 $f(t) = f(0_+)e^{-\frac{1}{\tau}t}(t \geq 0)$。故求解一阶电路的零输入响应时，确定出 $f(0_+)$ 和 τ 以后，就可以唯一地确定响应表达式。

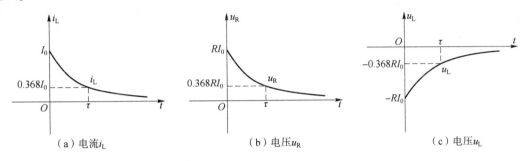

（a）电流 i_{L}　　　　　　（b）电压 u_{R}　　　　　　（c）电压 u_{L}

图 4-6　一阶 RL 零输入响应曲线

一阶电路的零输入响应总结如下。

（1）一阶电路的零输入响应都是随时间按指数规律衰减到零的，这实际上反映了在没有电源作用时，储能元件的原始能量逐渐被电阻消耗掉的物理过程。

（2）零输入响应取决于电路的原始能量和电路特性，对于一阶电路来说，电路特性是通过时间常数 τ 来体现的。

（3）原始能量增大 A 倍，则零输入响应将相应增大 A 倍，这种原始能量与零输入响应的线性关系称为零线性。

五、一阶电路的零状态响应

一阶电路的零状态响应是指储能元件的初始能量为零，仅由电源激励产生电路的响应。

1. RC 电路的零状态响应

图 4-7 所示电路在换路前电容元件的原始能量为零，$t=0$ 时开关 S 闭合。S 闭合后，电容上的电压、电流随时间变化的规律称为 RC 电路的零状态响应。

由图 4-7 所示电路可知，这是一个 RC 串联的充电电路，电容元件上的电压与电流方向关联，元件向电路吸取电能建立电场。当充电结束后，电容的极间电压（即换路后的新稳态值）$u_{\mathrm{C}}(\infty) = U_{\mathrm{S}}$。

根据 KVL，有

$$u_R + u_C = U_S \qquad u_R = iR \qquad i = C\frac{\mathrm{d}u_C}{\mathrm{d}t}$$

即

$$RC\frac{\mathrm{d}u_C}{\mathrm{d}t} + u_C = U_S \quad t \geq 0 \tag{4-7}$$

电容电压的响应表达式为

$$u_C(t) = U_S(1 - \mathrm{e}^{-\frac{1}{RC}t}) = U_S(1 - \mathrm{e}^{-\frac{1}{\tau}t}) = u_C(\infty)(1 - \mathrm{e}^{-\frac{1}{\tau}t}) \quad t \geq 0 \tag{4-8}$$

电容电流的响应表达式为

$$i_C(t) = C\frac{\mathrm{d}u_C}{\mathrm{d}t} = \frac{U_S}{R}\mathrm{e}^{-\frac{1}{RC}t} = \frac{U_S}{R}\mathrm{e}^{-\frac{1}{\tau}t} \quad t \geq 0$$

RC 电路的零状态响应和零输入响应一样，都是按指数规律变化，显然这个暂态过程是电容元件的充电过程。充电电流 i_C 按指数规律衰减；电容电压 u_C 按指数规律增加，其响应曲线如图 4-8 所示。

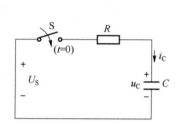

图 4-7　一阶 RC 零状态响应电路

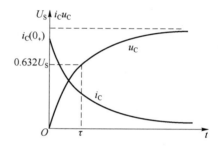

图 4-8　一阶 RC 零状态响应曲线

2. RL 电路的零状态响应

图 4-9 所示电路在换路前电感元件上的原始能量为零，$t=0$ 时开关 S 闭合。S 闭合后，电感上电压、电流的变化规律称为一阶 RL 电路的零状态响应。

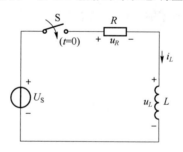

图 4-9　一阶 RL 零状态响应电路

换路结束时电感电流的新稳态值为 $i_L(\infty) = U_S/R$。可见，在 RL 零状态响应过程中，电感元件是建立磁场的过程，其电压、电流方向关联。可以推得

$$L\frac{\mathrm{d}i_L}{\mathrm{d}t} + Ri_L = U_S \quad t \geq 0 \tag{4-9}$$

因此电感电流的零状态响应为

$$i_L(t) = \frac{U_S}{R}\left(1 - e^{-\frac{t}{\tau}}\right) = i_L(\infty)\left(1 - e^{-\frac{t}{\tau}}\right) \quad t \geqslant 0 \tag{4-10}$$

电感元件自感电压的零状态响应为

$$u_L(t) = L\frac{di_L}{dt} = U_S e^{-\frac{t}{\tau}} \quad t \geqslant 0$$

RL 电路的零状态响应也是按指数规律变化。其中电感元件两端的电压 u_L 按指数规律衰减，电感电流 i_L 和电阻电压 u_R 均按指数规律上升，其响应曲线如图 4-10 所示。

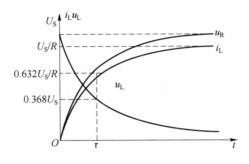

图 4-10　一阶 RL 零状态响应曲线

一阶电路的零状态响应总结如下。

（1）一阶电路的零状态响应也是随时间按指数规律变化的。其中电容电流和电感电压均随时间按指数规律衰减，因为它们只存在于过渡过程中；而电容电压和电感电流则按指数规律增长，这实质上反映了动态元件建立电场或磁场时吸收电能的物理过程。

（2）零状态响应取决于电路的独立电源和电路本身特性，也是通过时间常数 τ 来体现其特性的。RL 一阶电路的时间常数 $\tau = L/R$。

（3）在零状态响应公式中的（∞）符号，代表换路后的新稳态值，根据电路的情况不同，一般稳态值也各不相同。

六、一阶电路的全响应

如图 4-11 所示，当电路中既有外输入激励（即有独立电源的作用），动态元件上又存在原始能量（换路前 u_C 和 i_L 不为零），电路发生换路时，在外激励和原始能量的共同作用下所引起的电路响应称为全响应。

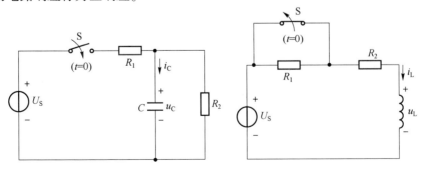

图 4-11　一阶全响应电路

RC 和 RL 全响应电路的响应式可表示为

$$全响应 = 零输入响应 + 零状态响应$$

以电容电压为例，用 $u_C(t)'$ 表示其零输入响应，$u_C(t)''$ 表示其零状态响应，则有

$$u_C(t) = u_C(t)' + u_C(t)''$$

[**例 4 – 4**] 图 4 – 12 所示电路在换路前已达稳态，且 $U_C(0_-) = 12$ V，试求 $t \geq 0$ 时的 $u_C(t)$ 和 $i_C(t)$。

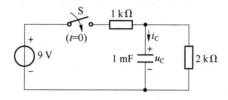

图 4 – 12 例 4 – 4 电路

解： 根据换路定律可得

$$u_C(0_+) = u_C(0_-) = 12 \text{ V}$$

电路的时间常数 τ 为

$$\tau = (R_1 // R_2)C = \frac{2}{3} \times 10^3 \times 10^{-3} \text{s} = \frac{2}{3}\text{s}$$

零输入响应 $u_C(t)'$ 为

$$u_C(t)' = u_C(0_+)e^{-\frac{t}{\tau}} = 12e^{-1.5t}\text{V}$$

电容电压的稳态值为

$$u_C(\infty) = \frac{9}{1 + 2} \times 2 \text{ V} = 6 \text{ V}$$

零状态响应 $u_C(t)''$ 为

$$u_C(t)'' = 6(1 - e^{-1.5t})\text{V}$$

全响应 $u_C(t)$ 为

$$u_C(t) = u_C(t)' + u_C(t)'' = 6 + 6e^{-1.5t}（\text{V}）$$

电容电流的全响应 $i_C(t)$ 为

$$i_C(t) = C\frac{\mathrm{d}u_C(t)}{\mathrm{d}t} = 1 \times 10^{-3}\frac{\mathrm{d}(6 + 6e^{-1.5t})}{\mathrm{d}t}\text{A} = -9e^{-1.5t}\text{mA}$$

七、一阶电路暂态分析的三要素法

稳态值、初始值和时间常数称为一阶电路的三要素。由三要素可以直接写出一阶电路暂态过程的解，这种方法叫三要素法。

三要素法的通式为

$$f(t) = f(\infty) + [f(0_+) - f(\infty)]e^{-t/\tau} \quad t \geq 0 \tag{4 – 11}$$

式中：$f(t)$ 为响应；$f(0_+)$ 为响应过程的初始值；$f(\infty)$ 为响应结束时的新稳态值；τ 为电路的时间常数。

三要素法适用于直流电源激励的一阶电路，可表示全响应、零输入响应和零状态响应。

使用三要素法时，f 仅仅表示电容电压 u_C 或电感电流 i_L。

三要素法解题的步骤如下。

（1）画出换路前（$t=0_-$ 时）的等效电路，求出 $u_C(0_-)$ 或 $i_L(0_-)$。

（2）根据换路定律，求出 $u_C(0_+)$ 或 $i_L(0_+)$，即 $f(0_+)$。

（3）画出稳态等效电路（直流稳态时，电容相当于开路，电感相当于短路），求出新稳态值 $u_C(\infty)$ 或 $i_L(\infty)$，即 $f(\infty)$。

（4）求出电路的时间常数 τ。$\tau=RC$ 或 $\tau=L/R$，其中 R 是换路后断开储能元件 C 或 L，使电源不起作用时由储能元件两端看进去的等效内阻。

（5）将所求得的三要素，代入三要素法公式。

[**例4 – 5**] 已知图 4 – 13 中，$U_1=3\ \text{V}$，$U_2=6\ \text{V}$，$R_1=1\ \text{k}\Omega$，$R_2=2\ \text{k}\Omega$，$C=3\ \mu\text{F}$，$t<0$ 时电路已处于稳态。用三要素求 $t\geqslant0$ 时的 $u_C(t)$，并画出变化曲线。

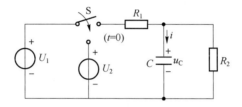

图 4 – 13　例 4 – 5 电路

解：先确定初始值 $u_C(0_+)$。

因为 $u_C(0_-)=\dfrac{R_2\cdot U_1}{R_1+R_2}=\dfrac{3\times2}{1+2}\text{V}=2\ \text{V}$

所以 $u_C(0_+)=u_C(0-)=2\ \text{V}$

再确定稳态值 $u_C(\infty)$，即

$$u_C(\infty)=\frac{R_2\cdot U_2}{R_1+R_2}=\frac{6\times2}{1+2}\text{V}=4\ \text{V}$$

最后确定时间常数 τ，即

$$\tau=C\frac{R_1R_2}{R_1+R_2}=3\times10^{-6}\frac{1\times2}{1+2}\times10^3\text{s}=2\ \text{ms}$$

$u_C(t)=u_C(\infty)+[u_C(0_+)-u_C(\infty)]\mathrm{e}^{-\frac{t}{\tau}}=4+[2-4]\mathrm{e}^{-500t}=4-2\mathrm{e}^{-500t}\ (\text{V})$

电容电压的变化曲线如图 4 – 14 所示。

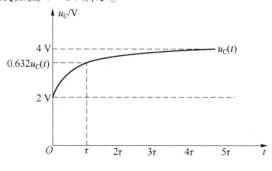

图 4 – 14　u_C 变化曲线

八、微分电路和积分电路

微分电路与积分电路是矩形脉冲激励下的 RC 电路。若选取不同的时间常数，可构成输出电压波形与输入电压波形之间的微分或积分关系。

1. 微分电路

微分电路如图 4 – 15 所示，输入端直接输入一个周期性矩形脉冲电压 u_1，矩形脉冲电压的幅度为 U，脉冲宽度为 t_w，电容初始电压 $u_C(0_-) = 0$，输出电压 u_2 从 RC 串联电路的电阻两端取出，且电路的时间常数 $\tau \ll t_w$。

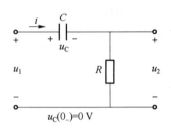

图 4 – 15　微分电路

由 KVL 定律，有

$$u_1 = u_C + u_2$$

当 R 很小时，$u_2 = u_R$ 很小，所以有

$$u_1 \approx u_C$$

$$u_2 \approx Ri = RC\frac{\mathrm{d}u_C}{\mathrm{d}t} = RC\frac{\mathrm{d}u_1}{\mathrm{d}t} \qquad (4-12)$$

由式（4 – 12）可知，输出电压近似与输入电压对时间的微分成正比，所以称为微分电路。

微分电路的工作原理如下。

当 $t = 0$ 时，电容电压 $u_C(0_+) = u_C(0_-) = 0$，电容来不及充电，输入电压 u_1 全部加在电阻 R 上，此时输出电压 u_2 等于 U；当 $t > 0$ 时，电容电压 u_C 按指数规律快速充电上升，输出电压 u_2 随之按指数规律下降，经过（3 ~ 5）τ，充电过程完成，此时 $u_C = U$，$u_2 = 0$。由于 $\tau \ll t_w$，则在到达 t_1 之前，电容器充电过程很快结束并已进入稳态。

当 $t = t_1$ 时，$u_1 = 0$，相当于输入端被短路，已充电到 U 的电容开始按指数规律经电阻放电，$t = t_1$ 瞬间，$u_2 = -u_C = -U$（u_2 与 u_C 方向相反），之后 u_2 的值随电容的放电按指数规律减小。

微分波形如图 4 – 16 所示。从输出波形可以看出，微分电路可以把矩形波转换为尖脉冲波。主要用于脉冲电路、模拟计算机和测量仪器中，以获取蕴含在脉冲前沿和后沿中的信息。

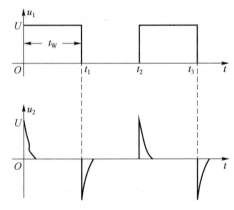

图 4 – 16　微分波形

2. 积分电路

积分电路如图 4 – 17 所示。输入端直接输入一个周期性矩形脉冲电压 u_1，矩形脉冲电压的幅度为 U，脉冲宽度为 t_p，电容初始电压 $u_C(0_-)=0$，输出电压从 RC 串联电路的电容两端取出，且电路的时间常数 $\tau \gg t_p$。

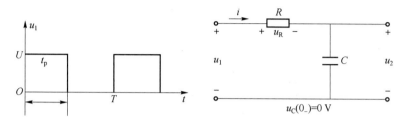

图 4 – 17　积分电路

由图 4 – 17 中可得

$$u_1 = u_R + u_2 \approx u_R = iR \quad \tau \gg t_p$$

$$i \approx \frac{u_1}{R}$$

所以
$$u_2 = u_C = \frac{1}{C}\int i\,\mathrm{d}t \approx \frac{1}{RC}\int u_1\,\mathrm{d}t \tag{4 – 13}$$

由式（4 – 13）可知，输出电压与输入电压近似成积分关系。

在 $t=0$ 时，输入电压 u_1 从 0 突变到 U，电容电压 $u_C(0_+)=u_C(0_-)=0$，不能突变，此时输出电压 $u_2 = u_C = 0$；当 $0 < t < t_1$ 时，电容开始充电，由于 $\tau \gg t_p$，电容充电非常缓慢，u_2 按指数规律缓慢上升至 U。

当 $t=t_1$ 时，$u_1 = 0$，相当于输入端被短路，已充电到 U 的电容开始按指数规律经电阻放电，u_2 的值随电容的放电按指数规律减小。

积分波形如图 4 – 18 所示。积分波形可以是锯齿波 u_2 或三角波 u_2'，可通过改变时间常数的大小来获得。积分电路可用于波形转换，如用作示波器的扫描锯齿波电压。

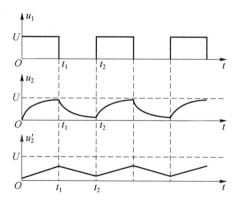

图 4 – 18　积分波形

能力训练

一、仪器设备

（1）通用电工实训工作台（带函数信号发生器）：一台。

（2）双踪示波器：一台。

（3）动态电路实验板：一块。

（4）连接导线：若干。

二、训练内容及步骤

（1）从电路板上选 $R = 10\ \text{k}\Omega$，$C = 6\ 800\ \text{pF}$ 组成如图 4 - 19（b）所示的 RC 充放电电路。u_i 为脉冲信号发生器输出的 $U_m = 3\ \text{V}$、$f = 1\ \text{kHz}$ 的方波电压信号，并通过两根同轴电缆线，将激励源 u_i 和响应 u_C 的信号分别连至示波器的两个输入口 Y_A 和 Y_B。这时可在示波器的屏幕上观察到激励与响应的变化规律，测算出时间常数 τ，并用方格纸按 1:1 的比例描绘波形。

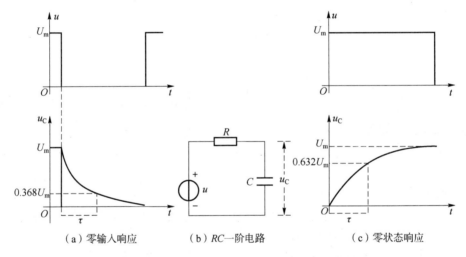

（a）零输入响应　　　　（b）RC一阶电路　　　　（c）零状态响应

图 4 - 19　RC 充放电电路

（2）令 $R = 10\ \text{k}\Omega$、$C = 0.1\ \mu\text{F}$，观察并描绘响应的波形，继续增大 C 的值，定性地观察 C 值变化对响应的影响。

（3）令 $C = 0.01\ \mu\text{F}$、$R = 100\ \Omega$，组成如图 4 - 20（a）所示的微分电路。在同样的方波激励信号（$U_m = 3\ \text{V}$，$f = 1\ \text{kHz}$）作用下，观测并描绘激励与响应的波形。增减 R 的值，定性地观察 R 值变化对响应的影响，并作记录。当 R 增至 $1\ \text{M}\Omega$ 时，输入输出波形有何本质上的区别？

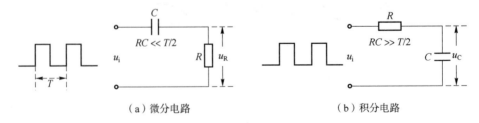

（a）微分电路　　　　　　（b）积分电路

图 4 - 20　微分电路和积分电路

注意事项如下。

①调节电子仪器各旋钮时，动作不要过快、过猛。操作前，需熟读双踪示波器的使用说

明书。观察双踪示波器时,要特别注意相应开关、旋钮的操作与调节。

②信号源的接地端与示波器的接地端要连在一起(称共地),以防外界干扰而影响测量的准确性。

③示波器的辉度不应过亮,尤其是光点长期停留在荧光屏上不动时,应将辉度调暗,以延长示波管的使用寿命。

三、归纳总结

(1)动态网络的过渡过程是十分短暂的单次变化过程。要用普通示波器观察过渡过程和测量有关的参数,就必须使这种单次变化的过程重复出现。为此,可以利用信号发生器输出的方波来模拟阶跃激励信号,即利用方波输出的上升沿作为零状态响应的正阶跃激励信号;利用方波的下降沿作为零输入响应的负阶跃激励信号。只要选择方波的重复周期远大于电路的时间常数 τ,那么电路在这样的方波序列脉冲信号的激励下,它的响应就和直流电源接通与断开的过渡过程是基本相同的。

(2)一阶 RC 电路的零输入响应和零状态响应分别按指数规律衰减和增长,其变化的快慢决定于电路的时间常数 τ。

(3)一阶 RC 电路的零输入响应为 $u_C = U_m e^{-t/RC} = U_m e^{-t/\tau}$。当 $t = \tau$ 时,$u_C(\tau) = 0.368U_m$。即当 u_C 下降到初始值 U_m 的 36.8% 时,所对应的时间就等于 τ。也可用零状态响应波形增加到 $0.632U_m$ 所对应的时间测得。

(4)微分电路和积分电路是 RC 一阶电路中较典型的电路,它对电路元件参数和输入信号的周期有着特定的要求。一个简单的 RC 串联电路,在方波序列脉冲的重复激励下,当满足 $\tau = RC \ll \dfrac{T}{2}$ 时(T 为方波脉冲的重复周期),且由 R 两端的电压作为响应输出,此时电路的输出信号电压与输入信号电压的微分成正比,该电路就是一个微分电路,如图 4-20(a)所示。利用微分电路可以将方波转变成尖脉冲。

(5)如图 4-20(b)所示,由 C 两端的电压作为响应输出,且当电路的参数满足 $\tau = RC \gg \dfrac{T}{2}$ 时,电路的输出信号电压与输入信号电压的积分成正比,该 RC 电路称为积分电路。利用积分电路可以将方波转变成三角波。

(6)从输入输出波形来看,上述两个电路均起着波形变换的作用。

课后思考

(1)一阶 RC 零输入响应和一阶 RC 零状态响应的时间常数测量方法相同吗?为什么?

(2)要获得微分输出和积分输出应分别满足什么条件?

(3)微分电路和积分电路各有何作用?

任务测试

(1)换路定律指出:电感两端的电压是不能发生跃变的,只能连续变化。 ( )

项目四 任务一
习题答案

(2)换路定律指出:电容两端的电压是不能发生跃变的,只能连续变化。 ( )

（3）一阶电路的全响应，等于其稳态分量和暂态分量之和。　　　　　　（　　）

（4）一阶电路中所有的初始值，都要根据换路定律进行求解。　　　　　（　　）

（5）RL 一阶电路的零状态响应，u_L 按指数规律上升，i_L 按指数规律衰减。（　　）

（6）RC 一阶电路的零状态响应，u_C 按指数规律上升，i_C 按指数规律衰减。（　　）

（7）RL 一阶电路的零输入响应，u_L 按指数规律衰减，i_L 按指数规律衰减。（　　）

（8）RC 一阶电路的零输入响应，u_C 按指数规律上升，i_C 按指数规律衰减。（　　）

（9）动态元件的初始储能在电路中产生的零输入响应中（　　　　）。

A. 仅有稳态分量　　　　B. 仅有暂态分量　　　　C. 既有稳态分量，又有暂态分量

（10）在换路瞬间，下列说法中正确的是（　　　　）。

A. 电感电流不能跃变　　B. 电感电压必然跃变　　C. 电容电流必然跃变

（11）工程上认为 $R=25\ \Omega$、$L=50\ \text{mH}$ 的串联电路中发生暂态过程时将持续（　　　　）。

A. $30\sim50\ \text{ms}$　　　　B. $37.5\sim62.5\ \text{ms}$　　　　C. $6\sim10\ \text{ms}$

（12）分析瞬变过程的三要素法只适用于（　　　　）。

A. 一阶交流电路　　　　　　　　　　　　B. 一阶直流电路

C. 二阶交流电路　　　　　　　　　　　　D. 二阶直流电路

（13）求三要素法的初始值时，应用换路定律应将（　　　　）作为电压源，将（　　　　）作为电流源，电路结构不变，求出其他初始值 $y(0_+)$。

A. $i_L(0_+)=i_L(0_-)=I_S$　　　　　　　B. $u_C(0_+)=u_C(0_-)=U_S$

（14）求三要素法的稳态值 $y(\infty)$ 时，应将电感 L（　　　　）处理，将电容 C（　　　　）处理，然后求其他稳态值。

A. 开路　　　　　　B. 短路　　　　　　C. 不变

（15）时间常数 τ_0 越大，表示瞬变过程（　　　　）。

A. 越快　　　　　　B. 越慢　　　　　　C. 不变

（16）RC 电路初始储能为零，则由初始时刻施加于电路的外部激励引起的响应称为（　　　　）响应。

A. 暂态　　　　　　B. 零输入　　　　　　C. 零状态

（17）RC 电路的充电时间常数为（　　　　），充电时，电容的（　　　　）按指数规律增大，电容的（　　　　）按指数规律减小。

A. $\tau=C/R$　　　　　　B. $\tau=RC$　　　　　　C. 电压　　　　　　D. 电流

（18）充电时间常数 τ 的物理意义是（　　　　）。

A. 充电过程已经完成了总变化量的 37% 所用的时间

B. 充电过程已经完成了总变化量的 63% 所用的时间

C. 时间常数越大，充电越快

D. 从理论上讲，充电的过程需要无限长时间，但通常认为经过 $(3\sim5)\tau$ 时间充电过程基本结束

（19）RL 电路的充电时间常数为（　　　　），充电时，电感的（　　　　）按指数规律增大。

A. $\tau=L/R$　　　　　　B. $\tau=RL$　　　　　　C. 电压　　　　　　D. 电流

（20）_____、_____、_____、_____都属于换路。

（21）电路中的_____不能突变，因此电感中的_____不能突变、电容的____

_____不能突变。

（22）换路前储能元件若没有储能，换路时，电感相当于_____，电容相当于_____
_____。

（23）暂态是指从一种_____态过渡到另一种_____态所经历的过程。

（24）图 4-21 所示电路换路前已达稳态，在 $t=0$ 时断开开关 S，则该电路（　　）。

A. 有储能元件 L，要产生过渡过程

B. 有储能元件且发生换路，要产生过渡过程

C. 因为换路时元件 L 的电流储能不发生变化，所以该电路不产生过渡过程

（25）图 4-22 所示电路已达稳态，现增大 R 值，则该电路（　　）。

A. 因为发生换路，要产生过渡过程

B. 因为电容 C 的储能值没有变，所以不产生过渡过程

C. 因为有储能元件且发生换路，要产生过渡过程

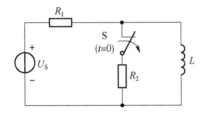　　　　　　　　　　　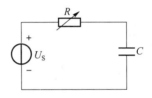

图 4-21　习题（24）电路　　　　　　　　　　图 4-22　习题（25）电路

课后阅读

傅里叶变换是怎么来的?

傅里叶变换是让·巴普蒂斯·约瑟夫·傅里叶（Baron Jean
Baptiste Joseph Fourier）（1768—1830，法国著名数学家和物理学
家）作为热过程的解析分析的工具提出来的。

人物简介

1780 年，傅里叶就读于地方军校。1795 年，任巴黎综合工
科大学助教，跟随拿破仑军队远征埃及，成为伊泽尔省格伦诺布
尔地方长官。1817 年，当选法国科学院院士。1822 年，担任该
院终身秘书，后又任法兰西学院终身秘书和理工科大学校务委员
会主席，敕封为男爵。他的主要贡献是在研究"热的传播"和"热的分析理论"过程
中，创立了一套数学理论，对 19 世纪的数学和物理学的发展都产生了深远影响。

主要成就

1822 年，傅里叶出版了专著《热的解析理论》（Theorieanalytique de la Chaleur,
Didot, Paris, 1822）。这部经典著作将欧拉、伯努利等在一些特殊情形下应用的三角级数
方法发展成内容丰富的一般理论，三角级数后来就以傅里叶的名字命名。傅里叶应用三
角级数求解热传导方程，为了处理无穷区域的热传导问题又导出了当前所称的"傅里叶
积分"，这一切都极大地推动了偏微分方程边值问题的研究。然而傅里叶的工作意义远不

止于此，它迫使人们对函数概念作修正、推广，特别是引起了对不连续函数的探讨；三角级数收敛性问题更刺激了集合论的诞生。因此，《热的解析理论》影响了整个19世纪分析严格化的进程。

傅里叶变换在物理学、数论、组合数学、信号处理、概率、统计、密码学、声学、光学等领域都有着广泛的应用。

课后练习

（1）如图4-23所示，各电路在换路前均处于稳态，试求换路后各电路的 $i(0_+)$ 及 $i(\infty)$。

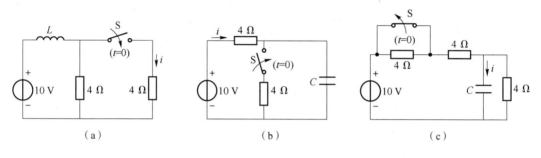

图 4-23　电路

（2）试用三要素法写出图4-24所示曲线的表达式 u_C。

（3）电路如图4-25所示，$t=0$ 时合上开关S，合S前电路已处于稳态。试求电容电压 u_C 和电流 i_2、i_C 的初始值。

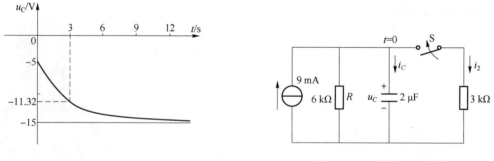

图 4-24　习题（2）电路　　　　　　图 4-25　习题（3）电路

（4）在图4-26所示电路中，RL 是发电机的励磁绕组，其电感较大。R_F 是调节励磁电流用的。当将电源开关断开时，为了不至由于励磁线圈所储的磁能消失过快而烧坏开关触头，往往用一个泄放电阻 R' 与线圈连接。开关接通 R' 同时将电源断开。经过一段时间后，再将开关扳到3的位置，此时电路完全断开。已知 $U=220$ V，$L=10$ H，$R=80$ Ω，$R_f=30$ Ω，电路稳态时 S 由1合向2。

①$R'=1\,000$ Ω，试求开关 S 由1合向2瞬间线圈两端的电压 $u_{RL}(0_+)$。

②在①中，若使 $u_{RL}(0_+)$ 的数值不超过220 V，则泄放电阻 R' 应选多大？

③根据②中所选用的电阻 R'，试求开关接通 R' 后经过多长时间线圈才能将所储的磁能

放出 95%？

④写出③中 u_{RL} 随时间变化的表达式。

（5）图 4-27 所示电路为一个标准高压电容器的电路模型，电容 $C=2\ \mu F$，漏电阻 $R=10\ M\Omega$，FU 为快速熔断器，$u_S=2\ 300\sin(314t+90°)\ V$，$t=0$ 时熔断器烧断（假设瞬间断开）。假设安全电压为 50 V，问从熔断器断开之时起，经历多少时间后人手触及电容器两端才是安全的？

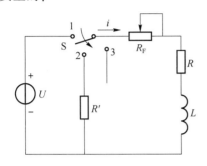
图 4-26　习题（4）电路

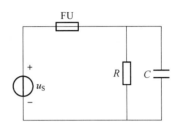
图 4-27　习题（5）电路

（6）在图 4-28 所示电路中，电压源电压 $U_S=220\ V$，继电器线圈的电阻 $R_1=3\ \Omega$ 及电感 $L=1.2\ H$，输电线的电阻 $R_2=2\ \Omega$。继电器在通过的电流达到 30 A 时动作，试问负载短路（图中开关 S 合上）后，经过多长时间继电器动作？负载 $R_3=20\ \Omega$。

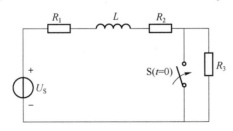
图 4-28　习题（6）电路

任务二　非正弦周期电路的分析

任务目标

知识目标

①了解非正弦周期信号及谐波的概念；

②理解非正弦周期信号有效值；

③掌握非正弦周期电路的谐波分析法。

技能目标

①会进行有效值、平均值和平均功率的计算；

②会根据表达式画出频谱图；

③会进行非正弦周期信号的仿真测试。

任务描述

通过对非正弦周期电路的学习，使学生了解非正弦周期信号谐波及频谱的概念，理解非正弦周期信号有效值，掌握非正弦周期交流信号电路的谐波分析法及平均功率的计算方法。

任务分析

通过运用 EWB 实现非正弦周期信号频谱分析，使学生理解非正弦周期信号谐波及频谱的概念。

任务学习

一、非正弦周期信号

除直流电路和正弦稳态电路外，实际工程中还存在着按非正弦规律变化的电源和信号，如电子计算机的数字脉冲电路和整流电源设备中，电压和电流的波形都是非正弦的。产生这种非正弦信号的原因有很多，如电路中有非线性元件、有的设备本身采用产生非正弦电压的电源、几个频率不同的正弦电源共同作用于一个电路等。非正弦的信号又分为周期性信号和非周期性信号两大类，图 4 – 29 所示为常见的三种非正弦周期信号。

从图中可知这类信号也有周期性，但不能用正弦函数或余弦函数表示。不按正弦规律作周期性变化的电流或电压，称为非正弦周期电流或电压。

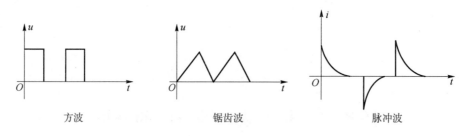

方波　　　　　　　　　　　　锯齿波　　　　　　　　　　　　脉冲波

图 4 – 29　常见非正弦周期信号

二、非正弦周期信号电路的谐波分析法

一个非正弦波的周期信号，可以看作由一些不同频率的正弦波信号叠加的结果，如图 4 – 30 所示。

设有一个正弦电压 $u_1 = U_{1m}\sin \omega t$，其波形如图 4 – 30（a）所示。显然，这一波形与同频率矩形波相差甚远。如果在这个波形上面加上第二个正弦电压波形，其频率是 u_1 的 3 倍，而振幅为 u_1 的 1/3，则叠加电压的表达式为 $u = u_1 + u_2 = U_{1m}\sin \omega t + 1/3 U_{1m}\sin 3\omega t$，其波形如图 4 – 30（b）所示。如果再加上第三个正弦电压波形，其频率为 u_1 的 5 倍，振幅为 u_1 的

1/5，由这三个电压叠加而成的总电压的表达式为 $u = u_1 + u_2 + u_3 = U_{1m}\sin\omega t + 1/3\,U_{1m}\sin 3\omega t +$ $1/5\,U_{1m}\sin 5\omega t$，其波形如图 4 – 30（c）所示。可以发现，叠加合成波形的形状逐渐趋向矩形波。如果继续进行叠加操作，当叠加的正弦项达到无穷多个时，它们的合成波形就会与图 4 – 30（d）所示的矩形波一样。

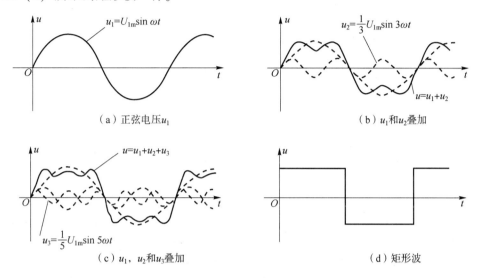

图 4 – 30　非正弦周期信号的叠加

综上所述，几个不同频率的正弦波可以合成一个非正弦的周期波；反之，一个非正弦的周期波可以分解成许多不同频率的正弦波之和。

u_1，u_2，u_3 叫做非周期信号的谐波分量。u_1 的频率与非正弦波的频率相同，称为非正弦波的基波或一次谐波；u_2 的频率为基波的三倍，称为三次谐波，u_3 的频率为基波的五倍，称为五次谐波。谐波分量的频率是基波的 n 倍，就称它为 n 次谐波。非正弦波含有的直流分量，可以看作频率为零的正弦波，叫零次谐波。

研究一个非正弦周期量是由哪些谐波分量组成的，尤其是它们的幅值和初相角，这一个过程称为谐波分析。

由数学知识可知，如果一个函数是周期性的，且满足狄里赫利条件，那么它可以展开成一个收敛级数，即傅里叶级数。在电工技术中所遇到的周期函数一般都能满足这个条件。设给定的周期函数 $f(t)$ 的周期为 T，角频率 $\omega = 2\pi/T$，则 $f(t)$ 的傅里叶级数展开式为

$$\begin{aligned}
f(t) &= A_0 + A_{1m}\sin(\omega t + \varphi_1) + A_{2m}\sin(2\omega t + \varphi_2) + \cdots \\
&\quad + A_{km}\sin(k\omega t + \varphi_k) + \cdots \\
&= A_0 + \sum_{k=1}^{\infty} A_{km}\sin(k\omega t + \varphi_k)
\end{aligned} \tag{4-14}$$

利用三角函数公式，还可以把式（4 – 14）写成另一种形式，即

$$\begin{aligned}
f(t) &= a_0 + (a_1\cos\omega t + b_1\sin\omega t) + (a_2\cos 2\omega t + b_2\sin 2\omega t) + \cdots \\
&\quad + (a_k\cos k\omega t + b_k\sin k\omega t) + \cdots \\
&= a_0 + \sum_{k=1}^{\infty}(a_k\cos k\omega t + b_k\sin k\omega t)
\end{aligned} \tag{4-15}$$

式中：a_0，a_k，b_k 为傅里叶系数，可由下列积分求得，即

$$\begin{cases} a_0 = \dfrac{1}{T}\displaystyle\int_0^T f(t)\,\mathrm{d}t = \dfrac{1}{2\pi}\displaystyle\int_0^{2\pi} f(t)\,\mathrm{d}(\omega t) \\[3mm] a_k = \dfrac{2}{T}\displaystyle\int_0^T f(t)\cos k\omega t\,\mathrm{d}t = \dfrac{1}{\pi}\displaystyle\int_0^{2\pi} f(t)\cos k\omega t\,\mathrm{d}(\omega t) \\[3mm] b_k = \dfrac{2}{T}\displaystyle\int_0^T f(t)\sin k\omega t\,\mathrm{d}t = \dfrac{1}{\pi}\displaystyle\int_0^{2\pi} f(t)\sin k\omega t\,\mathrm{d}(\omega t) \end{cases} \qquad (4-16)$$

式（4-14）和式（4-16）各系数之间存在以下关系，即

$$\begin{cases} A_0 = a_0 \\[2mm] A_{km} = \sqrt{a_k^2 + b_k^2} \\[2mm] \varphi_k = \arctan \dfrac{a_k}{b_k} \end{cases} \qquad (4-17)$$

$$\begin{cases} a_k = A_{km}\sin \varphi_k \\[2mm] b_k = A_{km}\cos \varphi_k \end{cases} \qquad (4-18)$$

傅里叶级数是一个无穷三角级数。展开式中 A_0 为周期函数 $f(t)$ 的恒定分量（或直流分量）；$A_{1m}\cos(\omega t + \varphi_1)$ 为一次谐波（或基波分量），其周期或频率与原周期函数 $f(t)$ 相同；其他各项统称为高次谐波，即 2 次、3 次、…、k 次谐波。

非正弦周期电路的谐波分析法，其步骤如下。

（1）将给定的非正弦周期电压或电流分解为傅里叶级数，高次谐波分量取到哪一项与所需计算精度有关。

（2）分别计算电路对直流分量和各次谐波分量单独作用时的响应。

（3）应用叠加定理，将步骤（2）所计算的结果化为瞬时值表达式后进行相加，最终求得电路的响应。这里要注意，因为不同谐波分量的角频率不同，其对应的相量直接相加是没有意义的。

三、信号频谱

用长度与各次谐波振幅大小相对应的线段，按频率的高低顺序把它们依次排列起来所得到的图形，称为 $f(t)$ 的频谱图。

表示各谐波分量振幅的频谱为幅度频谱。把各次谐波的初相用相应线段依次排列的频谱为相位频谱。

画出一个直角坐标，以谐波角频率 $k\omega$ 为横坐标，在各谐波角频率所对应的点上，作出一条条垂直的线叫做谱线。如果每条谱线的高度代表该频率谐波的振幅，这样画出的图形称为振幅频谱图，如图 4-31 所示。将各谱线的顶点连接起来的曲线（一般用虚线表示）称为振幅包络线。

$$\begin{aligned} f(t) &= \frac{\pi}{4} + \cos \omega t - \frac{1}{3}\cos 3\omega t + \frac{1}{5}\cos 5\omega t - \frac{1}{7}\cos 7\omega t + \cdots \\[2mm] &= \frac{\pi}{4} + \sin\left(\omega t + \frac{\pi}{2}\right) + \frac{1}{3}\sin\left(3\omega t - \frac{\pi}{2}\right) + \frac{1}{5}\sin\left(5\omega t + \frac{\pi}{2}\right) \\[2mm] &\quad + \frac{1}{7}\sin\left(7\omega t - \frac{\pi}{2}\right) + \cdots \end{aligned}$$

由于各谐波的角频率是 ω 的整数倍，所以这种频谱是离散的，又称为线频谱。

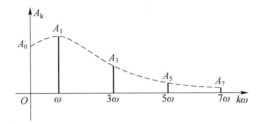

图 4 - 31　振幅频谱

四、有效值、平均值和平均功率

1. 有效值

任一周期电流 i 的有效值定义为

$$I = \sqrt{\frac{1}{T}\int_0^T i^2 \mathrm{d}t} \tag{4-19}$$

设一非正弦周期电流 i 可以分解为傅里叶级数，即

$$i = I_0 + \sum_{k=1}^{\infty} I_{km}\cos(k\omega_1 t + \psi_k)$$

代入有效值公式，则得此电流的有效值为

$$I = \sqrt{\frac{1}{T}\int_0^T \left[I_0 + \sum_{k=1}^{\infty} I_{km}\cos(k\omega_1 t + \psi_k) \right]^2 \mathrm{d}t}$$

上式中 i 的展开式平方后将含有下列各项，即

$$\frac{1}{T}\int_0^T I_0^2 \mathrm{d}t = I_0^2$$

$$\frac{1}{T}\int_0^T 2I_0 I_{km}\cos(k\omega_1 t + \psi_k)\mathrm{d}t = 0$$

$$\frac{1}{T}\int_0^T I_{km}^2 \cos^2(k\omega_1 t + \psi_k)\mathrm{d}t = I_k^2$$

$$\frac{1}{T}\int_0^T 2I_{km}I_{qm}\cos(k\omega_1 t + \psi_k)\cos(q\omega_1 t + \psi_q)\mathrm{d}t = 0 \quad k \neq q$$

这样可求得 i 的有效值为

$$I = \sqrt{I_0^2 + I_1^2 + I_2^2 + I_3^2 + \cdots} = \sqrt{I_0^2 + \sum_{k=1}^{\infty} I_k^2} \tag{4-20}$$

由式（4-20）可知，非正弦周期电流的有效值等于恒定分量的平方与各次谐波有效值的平方之和的平方根。此结论适用于所有的非正弦周期量。

[例 4 - 6] 已知周期电压 $u = 100 + 70\sin(\omega t - 60°) - 40\sin(3\omega t + 25°)$ V，试求其有效值。

解：

$$U = \sqrt{U_0^2 + U_1^2 + U_3^2} = \sqrt{100^2 + \left(\frac{70}{\sqrt{2}}\right)^2 + \left(\frac{40}{\sqrt{2}}\right)^2} = 115.1(\text{V})$$

2. 平均值

实践中还会用到平均值的概念。为了避免出现平均值为零的情况，通常将周期量绝对值的平均值定义为它的平均值。以电流为例，其定义为

$$I_{AV} = \frac{1}{T}\int_0^T |i(t)| \mathrm{d}t \tag{4-21}$$

同理，有

$$U_{AV} = \frac{1}{T}\int_0^T |u(t)| \mathrm{d}t \tag{4-22}$$

即非正弦周期电流的平均值等于此电流绝对值的平均值。式（4-21）也称为整流平均值，它相当于正弦电流经全波整流后的平均值。

[例4-7] 试求正弦电流 $i = I_m \sin \omega t$ 的平均值。

解：

$$I_{AV} = \frac{1}{T}\int_0^T |I_m \sin \omega t| \mathrm{d}t = \frac{2}{T}\int_0^{\frac{T}{2}} I_m \sin \omega t \mathrm{d}t$$

$$= \frac{2I_m}{\omega T}[-\cos \omega t]_0^{\frac{T}{2}} = \frac{2}{\pi}I_m$$

3. 平均功率

设有一个二端网络，在非正弦周期电压 u 的作用下产生非正弦周期电流 i，若选择电压和电流的方向一致，如图4-32所示，此二端网络吸收的瞬时功率和平均功率为

$$p = ui$$

$$p = \frac{1}{T}\int_0^T p\mathrm{d}t = \frac{1}{T}\int_0^T ui\mathrm{d}t$$

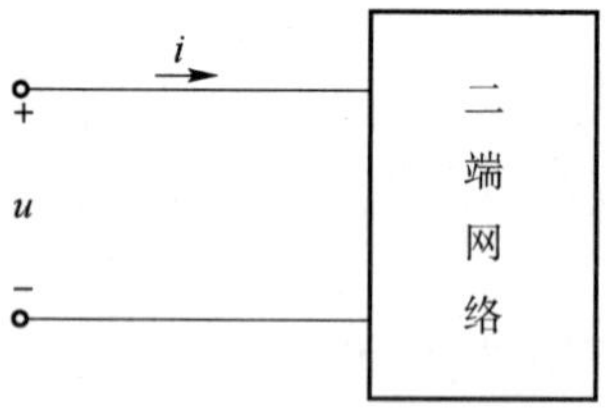

图4-32 二端网络

将电压和电流展开成傅里叶级数，有

$$u = U_0 + \sum_{k=1}^{\infty} U_{km}\sin(k\omega t + \varphi_{ku})$$

$$i = I_0 + \sum_{k=1}^{\infty} I_{km}\sin(k\omega t + \varphi_{ki})$$

二端网络吸收的平均功率为

$$P = \frac{1}{T}\int_0^T \left[U_0 + \sum_{k=1}^{\infty} U_{km}\sin(k\omega t + \varphi_{ku})\right]\left[I_0 + \sum_{k=1}^{\infty} I_{km}\sin(k\omega t + \varphi_{ki})\right]\mathrm{d}t$$

将上式积分号内两个积数的乘积展开，分别计算各乘积项在一个周期内的平均值，有以下五种类型项。

（1）$\dfrac{1}{T}\displaystyle\int_0^T U_0 I_0 \mathrm{d}t = U_0 I_0$

（2）$\dfrac{1}{T}\displaystyle\int_0^T U_{km} I_{km} \sin(k\omega t + \varphi_{ku}) \sin(k\omega t + \varphi_{ki}) \mathrm{d}t$

$= \dfrac{1}{2} U_{km} I_{km} \cos(\varphi_{ku} - \varphi_{ki}) = U_k I_k \cos\varphi_k$

（3）$\dfrac{1}{T}\displaystyle\int_0^T U_0 I_{km} \sin(k\omega t + \varphi_{ki}) \mathrm{d}t = 0$

（4）$\dfrac{1}{T}\displaystyle\int_0^T I_0 U_{km} \sin(k\omega t + \varphi_{ku}) \mathrm{d}t = 0$

（5）$\dfrac{1}{T}\displaystyle\int_0^T U_0 I_{km} \sin(k\omega t + \varphi_{ku}) I_{qm} \sin(q\omega t + \varphi_{qi}) \mathrm{d}t = 0 \ (k \neq q)$

因此，二端网络吸收的平均功率可按下式计算，即

$$P = U_0 I_0 + \sum_{k=1}^{\infty} U_k I_k \cos\varphi_k = P_0 + \sum_{k=1}^{\infty} P_k$$
$$= P_0 + P_1 + P_2 + \cdots + P_k + \cdots \tag{4-23}$$

其中，$P_k = U_k I_k \cos(\varphi_{ku} - \varphi_{ki}) = U_k I_k \cos\varphi_k$，是 k 次谐波的平均功率。

注意：只有同频率的谐波电压和电流才能构成平均功率，不同频率的谐波电压和电流不能构成平均功率，也不等于端口电压的有效值与端口电流有效值的乘积。

[例 4-8] 流过 10 Ω 电阻的电流为 $i = 10 + 28.28 \cos t + 14.14 \cos 2t$ A，求其平均功率。

解： $P = P_0 + P_1 + P_2 = I_0^2 R + I_1^2 R + I_2^2 R = R(I_0^2 + I_1^2 + I_2^2)$

$= 10\left[10^2 + \left(\dfrac{28.28}{\sqrt{2}}\right)^2 + \left(\dfrac{14.14}{\sqrt{2}}\right)^2 \right] = 6\,000(\mathrm{W})$

能力训练

一、仪器设备

装有 Multisim 仿真软件的计算机一台。

二、训练内容及步骤

（1）任何一个周期信号只要满足狄里赫利条件，就可以分解为直流和很多谐波。

$$f(t) = a_0 + (a_1 \cos \omega t + b_1 \sin \omega t) + (a_2 \cos 2\omega t + b_2 \sin 2\omega t) + \cdots$$
$$+ (a_k \cos k\omega t + b_k \sin k\omega t) + \cdots$$
$$= a_0 + \sum_{k=1}^{\infty} (a_k \cos k\omega t + b_k \sin k\omega t)$$

各谐波的振幅及初相决定于信号的波形，常见的非正弦周期信号有方波、三角波及矩形波等，本实验就是用 Multisim 仿真软件显示它们的各次谐波及幅度构成的频谱。

（2）用 Multisim 提供的虚拟器件及仪器仪表建立如图 4-33（a）所示电路。

（3）不同脉宽的矩形波、三角波及方波可由虚拟多功能函数发生器 XFG1 提供。双击虚拟多功能函数发生器 XFG1，如图 4-33（b）所示，用函数发生器产生频率在 1 kHz 的正弦波，用虚拟双踪示波器可观察对应点的波形，如图 4-34 所示。

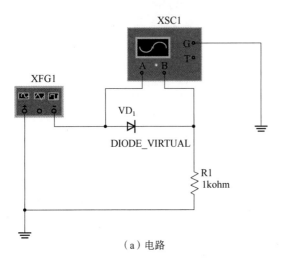

（a）电路　　　　　　　　　　　　　　　（b）信号源

图 4 - 33　虚拟实验电路及信号源

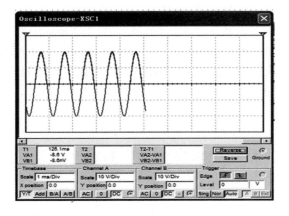

图 4 - 34　观察输出波形

（4）在 Multisim 电子工作台上按以下步骤可进行傅里叶分析，选择 Simulate→Analysis→Fourier analysis 菜单命令，弹出如图 4 - 35 所示对话框。

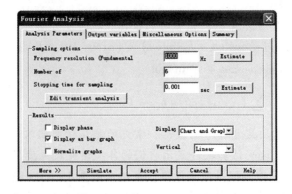

图 4 - 35　傅里叶分析对话框

输入、选择或更正对话框中的选项：在进行傅里叶分析时，必须首先在对话框中选择一个输出节点，这个节点就是输出变量，分析从此节点获得电压波形，还需设定一个基本频率（基频）作为分析基础，一般将电路中的交流激励源的频率设定为基频。

单击 Simulate 按钮进行傅里叶分析。记录信号波形及频谱显示图像，如图 4 - 36 所示，并与理论分析结果相比较。

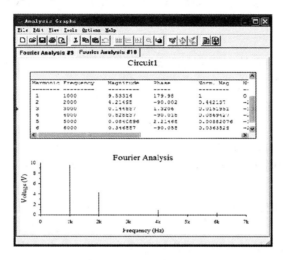

图 4 - 36　输出频谱

（5）把方波、三角波信号调节成频率为 1kHz 的信号，重复以上内容，并填写表 4 - 1。

表 4 - 1　幅值谱测量数据

信号	0ω	1ω	2ω	3ω	4ω	5ω
正弦波						
三角波						
方波						

三、归纳总结

（1）频谱是由不连续的谱线构成的，每条谱线代表一个正弦分量或余弦分量，即频谱具有离散性。

（2）每条谱线间的间隔是相等的，都等于基波角频率 ω，这是因为所有谐波频率都是基波频率的整数倍，即频谱具有谐波性。

（3）各次谐波振幅虽然各不相同，但总的趋势是随着谐波次数的增高而逐渐减小，当谐波次数无限增高时，谐波分量的振幅也就无限地趋小，即频谱具有收敛性。

（4）前半周期波形移动半个周期与后半周期的波形关于横轴对称的是半波对称函数，即 $f(t) = -f\left(t + \dfrac{T}{2}\right)$。半波对称函数的展开式中不含直流分量和偶次谐波。

（5）周期波形关于纵轴对称的是偶函数，即 $f(t) = f(-t)$。偶函数的展开式中只含有直流分量和余弦项，不含正弦项。

（6）周期波形关于原点对称的是奇函数，即 $f(t) = -f(-t)$。奇函数的展开式中只含有正弦项，不含余弦项和直流分量。

任务测试

（1）非正弦周期波各次谐波的存在与否与波形的对称性无关。（　　）

项目四　任务二
习题答案

（2）正确找出非正弦周期量各次谐波的过程称为谐波分析法。（　　）

（3）任一非正弦波信号可以看成由一些不同频率的正弦波信号叠加的
结果。（　　）

（4）非正弦周期量的有效值等于它各次谐波有效值之和。（　　）

（5）非正弦周期量作用的线性电路中具有叠加性。（　　）

（6）非正弦周期波形关于原点对称的是奇函数，你能否确定其傅里叶级数展开式中有
无恒定分量（　　）。

A. 不能　　　　　　　　　B. 能　　　　　　　　　C. 不确定

（7）某方波信号的周期 $T = 5\ \mu s$，则此方波的三次谐波频率为（　　）。

A. $10^6\ Hz$　　　　　　B. $2 \times 10^6\ Hz$　　　　C. $6 \times 10^5\ Hz$

（8）周期性非正弦波的傅里叶级数展开式中，谐波的频率越高，其幅值越（　　）。

A. 大　　　　　　　　　　B. 小　　　　　　　　　C. 无法判断

（9）一个含有直流分量的非正弦波作用于线性电路，其电路响应中（　　）。

A. 含有直流分量　　　　B. 不含有直流分量　　　C. 无法确定是否含有直流分量

（10）非正弦周期量的有效值等于它各次谐波（　　）平方和的开方。

A. 平均值　　　　　　　　B. 有效值　　　　　　　C. 最大值

（11）非正弦周期信号作用下的线性电路分析，电路响应等于它的各次谐波单独作用时
产生的响应（　　）的叠加。

A. 有效值　　　　　　　　B. 瞬时值　　　　　　　C. 相量

（12）已知一非正弦电流 $i(t) = (10 + 10\sqrt{2} \sin 2\omega t)\,A$，它的有效值为（　　）。

A. $20\sqrt{2}\ A$　　　　　B. $10\sqrt{2}\ A$　　　　C. $20\ A$

（13）已知基波的频率为 120 Hz，则该非正弦波的三次谐波频率为（　　）。

A. 360 Hz　　　　　　　　B. 300 Hz　　　　　　　C. 240 Hz

课后阅读

如何实现电路仿真？

Multisim 是美国国家仪器（NI）有限公司推出的以 Windows 为基础的仿真工具，适用于板级的模拟/数字电路板的设计工作。它包含电路原理图的图形输入、电路硬件描述语言输入方式，具有丰富的仿真分析能力。

工程师们可以使用 Multisim 交互式地搭建电路原理图，并对电路进行仿真。Multisim 提炼了 SPICE 仿真的复杂内容，这样工程师无须深入了解 SPICE 技术就可以很快地进行捕获、

仿真和分析新的设计，这也使其更适合电子学教育。通过 Multisim 和虚拟仪器技术，PCB 设计工程师和电子学教育工作者可以完成从理论到原理图捕获与仿真再到原型设计和测试这一完整的综合设计流程。

　　目前在各高校教学中普遍使用 Multisim 10.0。Multisim 被美国 NI 公司收购以后，其性能得到极大提升。学生可以很好、很方便地把刚刚学到的理论知识用计算机仿真真实地再现出来，真正做到变被动学习为主动学习。这些在教学活动中也得到了很好的体现。

　　1. 仿真的内容
　　（1）器件建模及仿真。
　　（2）电路的构建及仿真。
　　（3）系统的组成及仿真。
　　（4）仪表仪器原理及制造仿真。
　　2. 器件建模及仿真
　　可以建模及仿真的器件如下。
　　（1）模拟器件，包括二极管、三极管、功率管等。
　　（2）数字器件，包括 74 系列、COMS 系列、PLD、CPLD 等。
　　（3）FPGA 器件。
　　3. 电路的构建及仿真
　　单元电路、功能电路、单片机硬件电路的构建及相应软件调试的仿真。

课后练习

　　（1）已知周期电流的傅里叶级数展开式为 $i = 100 - 63.7\sin \omega t - 31.8\sin 2\omega t - 21.2\sin 3\omega t$ A，求其有效值。

　　（2）某二端网络的电压和电流分别为 $u = 100\ \sin(\omega t + 30°) + 50\ \sin(3\omega t + 60°) + 25\sin 5\omega t$ V，$i = 10\ \sin(\omega t - 30°) + 5\ \sin(3\omega t + 30°) + 2\ \sin(5\omega t - 30°)$ A，求二端网络吸收的功率。

　　（3）如图 4 - 37 所示电路，$R = 3\ \Omega$，$L = 0.4$ H，$C = 1\ 000\ \mu$F，$u = 45 + 180\ \sin 10t$ V。求电流 i 及其有效值。

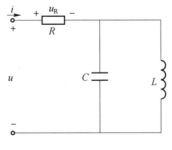

图 4 - 37　习题（3）电路

　　（4）为了减小整流器输出电压的纹波，使其更接近直流。常在整流的输出端与负载电阻 R 间接有 LC 滤波器，其电路如图 4 - 38（a）所示。已知 $R = 1$ kΩ，$L = 5$ H，$C = 30\ \mu$F，输入电压 u 的波形如图 4 - 38（b）所示，其中振幅 $U_m = 157$ V，基波角频率 $\omega = 314$ rad/s，求输出电压 u_R。

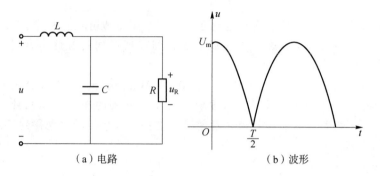

（a）电路　　　　　　　　　　　（b）波形

图4-38　习题（4）电路

（5）已知如图4-39所示电路的$u(t) = [10 + 80\sin(\omega t + 30°) + 18\sin 3\omega t]$V，$R = 6\ \Omega$，$\omega L = 2\ \Omega$，$1/\omega C = 18\ \Omega$。求交流电压表、交流电流表及功率表的读数，并求$i(t)$的谐波表达式。

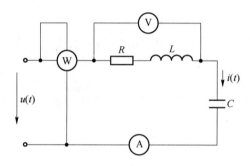

图4-39　习题（5）电路

安全用电与触电急救知识

安全用电包括供电系统的安全、用电设备的安全及人身安全三个方面。掌握安全用电常识，可防止用电设备的损坏，减少火灾事故和人身伤亡事故的发生，保证企业生产和人民生活有序、平稳地正常进行。本项目主要学习安全用电常识和触电急救方法。

任务一　安全用电常识

任务目标

知识目标
①掌握安全用电常识；
②掌握常用电气安全用具的使用方法；
③掌握电气灭火知识。

技能目标
①会使用常用电气安全用具；
②会使用常用灭火器具。

任务描述

通过安全用电常识的学习，了解电能的生产、输送与分配过程，掌握常用电气安全用具的使用方法；掌握电气灭火知识。

任务分析

通过模拟电气火灾现场的灭火过程，掌握常用电气安全用具的使用方法和电气火灾的灭火方法。

任务学习

一、电能的生产、输送与分配

1. 发电

发电是把其他形式的能量转换成电能。按所用能源不同，发电可分为火力发电、水力发电、核能发电、风力发电、太阳能发电等类型。

我国主要采用火力发电和水力发电，火力发电占 70% 以上。火力发电通常以燃烧煤、石油等化石燃料，使锅炉产生蒸汽，以高压蒸汽驱动汽轮机，由汽轮机带动发电机而发电。火力发电会消耗现有资源，使化石燃料面临着枯竭的危险，同时，燃烧将排出二氧化碳和硫的氧化物，会导致温室效应和酸雨，恶化地球环境。水力发电则是以水资源为动力，主要在南方和西南地区，通过水库或筑坝截流的方法提高水位，利用水流的位（势）能驱动水轮机，由水轮机带动发电机而发电。水力发电要淹没大量土地，有可能导致生态环境破坏，而且大型水库一旦崩塌，后果将不堪设想。另外，国家的水力资源有限，而且还受到季节的影响。

为节约能源、保护环境，全世界大力推崇新能源发电。成为新能源要满足两个条件：①必须蕴藏量丰富，不会枯竭并且安全、干净；②不会威胁人类和破坏环境。目前的新能源主要是太阳能和燃料电池。另外，风力发电也可算是辅助性的新能源。其中，最理想的新能源是太阳能。我国太阳能光伏发电产业起步于 20 世纪 70 年代，2005 年，国家出台了相关的产业政策，我国的光伏发电迎来了高速发展的新阶段。中国制造的太阳能光电池板约占世界总产量的 60%。现在，我国太阳能发电的比例逐年增加。2007 年光电池板发电量约820 MW，2020 年光电池板的发电量达到 20 GW。几种电站如图 5 – 1 所示。

（a）水电站

（b）火电站

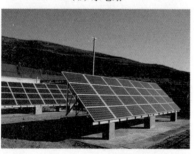
（c）太阳能电站

（d）风电站

图 5 – 1　电站

2. 输电

为了安全和节约，通常都把大型发电厂建在远离城市的能源产地附近，因此，发电厂发出的电能还需要经过一定距离的输送，才能分配给各用户。由于发电机的绝缘强度和运行安全等因素，发电机发出的电能根据机组容量的不同，一般电压在 6 ~ 24 kV 之间。为了减少电能在输电线上的损耗，必须先经变电站的升压变压器将电压升高到 35 ~ 500 kV 后送入电网，再进行远距离输电。不同规格的输电线路，其电压不同。目前，我国常用的输电电压的等级有 35 kV、110 kV、220 kV、330 kV、500 kV 等，输电电压的高低要根据输电距离和输电容量而定，容量越大，距离越远，输电电压就越高。

高压输电到达用电地区的降压变电站后，由降压变压器降压后，送至用电单位的变电站。电能输送过程如图 5 – 2 所示。

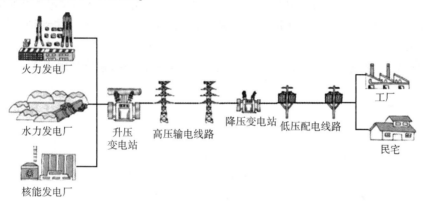

图 5 – 2　电能输送过程

3. 变、配电

变电指变换电网电压的等级，配电指电力的分配。从电力系统受电后，进行电压变换的是变电站（所）；从电力系统受电，经过变压，然后进行电力分配的是变配电站（所）；只有配电功能而无变电设备的是配电站（所）。一般大中型企业都有变、配电站，通常由高压配电室、变压器室和低压配电室等组成。用电量在 1 000 kW 以下的工厂，由于采用 1 kV 以下的低电压供电，只需要一个低压配电室。

电能从电力系统输送到工厂后，可以根据需要由降压变压器进行降压处理。例如，可以一路降至 6 kV 送至高压配电车间，另一路降至 380 V/220 V 低电压，再经过低压配电装置，对一般车间用电设备分别进行动力配电和照明配电。动力和照明分开配电可以避免因局部事故而影响整个车间的生产。

二、安全用电常识

在电气设备的安装调试中，要使用各种工具、电器、仪器等设备，同时还要接触危险的高压电，如果不掌握必要的安全知识，操作中缺乏足够的警惕，就可能发生触电身亡、电气火灾、电器损坏等意外事故，所以，"安全用电，性命攸关"。

（1）在进行电气设备安装与维修操作时，必须严格遵守各种安全操作规程和规定，不得玩忽职守。

（2）操作时，要严格遵守停电和送电操作规定，确实做好突然送电的各项安全措施，不准约定时间进行送电。

（3）在邻近带电部分进行电工操作时，要保证有可靠的安全距离。

（4）应定期检查操作工具的绝缘手柄、绝缘鞋和绝缘手套等安全用具的绝缘性能是否良好，是否在有效期内，如有问题应立即更换。

（5）定期检查登高工具是否牢固、可靠。使用梯子时，梯子与地面之间角度以 60° 左右为宜，在水泥地面上使用梯子时，应有防滑措施。

（6）严禁采用一线（相线）一地（大地）安装用电设备和器具。

（7）在一个插座或灯座上不可引接功率过大的用电器具。

（8）严禁用湿手接触开关、插座和灯座等用电装置，严禁用湿布揩抹电气装置和用电器具。

（9）搬运电钻、电焊机和电炉等可移动电器时，要先断电，严禁拖拉电源线来搬移电器。

（10）在潮湿环境中使用移动电器时，必须采用 36 V 安全电压；在锅炉、管道等金属容器内使用移动电器时，必须采用 12 V 安全电压，并应有人在容器外监护。

（11）发现有人触电，应立即断开电源，采取正确的救护措施抢救触电者。

三、电气安全用具

电气安全用具不仅对完成工作任务起一定的作用，而且对人身安全起重要保护作用，如防止人身触电、电弧灼伤、高空摔跌等。要充分发挥电气安全用具的保护作用，操作人员必须对各种电气安全用具的基本结构、性能有所了解，正确使用电气安全用具。

电气安全用具分为绝缘安全用具和一般防护安全用具两大类。

1. 绝缘安全用具

绝缘安全用具分为基本安全用具和辅助安全用具。绝缘强度足以长时间承受电气设备的工作电压，能直接用来操作带电设备的电工专用工具称为基本安全用具，包括绝缘棒（绝缘拉杆）、绝缘钳、验电器等。

绝缘强度不足以承受电气设备的工作电压，不能直接用来操作带电设备，只能用来进行安全防护的电工专用工具称为辅助安全用具，包括绝缘靴、绝缘手套、绝缘垫和绝缘台等。

1）绝缘棒（绝缘拉杆）、绝缘钳

绝缘棒又称令克棒、绝缘拉杆、操作杆等，如图 5-3 所示。绝缘钳如图 5-4 所示。

绝缘钳系列
规格：10 kV、35 kV

图 5-3　绝缘棒　　　　　　　　　　　图 5-4　绝缘钳

绝缘棒和绝缘钳都由工作部分、绝缘部分和握手部分组成。握手部分和绝缘部分是用浸过绝缘漆的木材、硬塑料、胶木或玻璃钢制成。

绝缘棒可配备不同工作部分，主要用来操作高压隔离开关、跌落式熔断器，安装和拆除避雷器、临时接地线，以及进行测量和试验工作等。

绝缘钳只用于 35 kV 以下的电气操作，主要用来拆除和安装熔断器等工作。

绝缘棒和绝缘钳操作时应配合使用绝缘手套、绝缘靴等辅助安全工具。

2）验电器

验电器分高压和低压两种。低压验电器又称验电笔，常做成钢笔式或螺丝刀式，如图 5 – 5 所示。

使用低压验电器时，手触及尾部的金属笔卡（或金属螺钉），当氖管发光时，表示被测体带电。若氖管两极均发光，表示被测体带交流电；若一极发光，表示被测体带直流电。低压验电器的检测电压范围为 60 ~ 500 V。

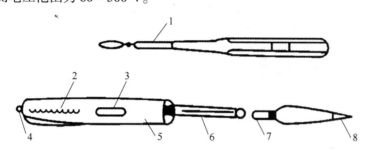

图 5 – 5 低压验电器

1—绝缘套管；2—弹簧；3—小窗；4—金属笔卡；5—笔身；

6—氖管；7—电阻；8—笔尖金属体

高压验电器由手柄、护环、伸缩杆、氖管和金属体组成，如图 5 – 6 所示。使用前应根据被验电设备的额定电压，选用合适等级的高压验电器；否则会危及操作人员的人身安全或造成错误判断。验电时，操作人员必须戴绝缘手套，穿绝缘靴，手应握住护环以下部分，先在有电设备上试验。试验时，应渐渐移近带电设备至发光，以验证验电器的完好性。然后再在需要验电的设备上逐渐靠近进行检测，至氖管发亮为止。必须一人检测，另一人监护。

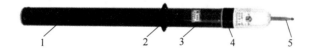

图 5 – 6 高压验电器

1—手柄；2—护环；3—伸缩杆；4—氖管窗；5—金属体

使用高压验电器时，应注意避免因受邻近带电设备影响而使验电器氖管发亮，引起误判断。验电器与带电设备距离应为：电压为 6 kV 时，大于 150 mm；电压为 10 kV 时，大于 250 mm。

3）绝缘手套和绝缘靴

绝缘手套和绝缘靴用橡胶制成，如图 5 – 7 所示。绝缘手套的长度至少应超过手腕 10 cm，要戴到外衣衣袖的外面。严禁用医疗或化学用的手套代替绝缘手套使用。

图 5 – 7　绝缘手套与绝缘靴

4）绝缘站台和绝缘垫

绝缘站台和绝缘垫用于带电操作时与地绝缘，如图 5 – 8 所示。绝缘垫用厚度 5 mm 以上、表面有防滑条纹的橡胶制成。绝缘站台用木板或木条制成，台面板用支持绝缘子与地面绝缘，支持绝缘子高度不得小于 10 cm；台面板边缘不得伸出绝缘子之外，以免站台翻倾，人员摔倒。

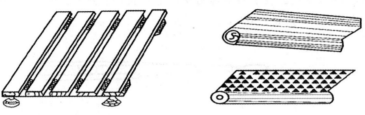

图 5 – 8　绝缘站台与绝缘垫

2. 一般防护安全用具

1）电工安全腰带（安全带）

电工安全腰带如图 5 –9 所示。主要用于电杆上、户外架构上进行高空作业时，用于预防高空坠落，保证作业人员的安全。安全带不用时应挂在通风处，不要放在高温处或挂在热力管道上，以免损坏。

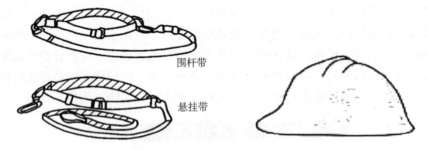

围杆带

悬挂带

图 5 – 9　电工安全腰带与安全帽

2）安全帽

安全帽是用于保护使用者头部免受外来伤害的个人防护用具。使用前应检查：帽壳无裂纹或损伤，无明显变形；帽衬组件（包括帽箍、顶衬、后箍、下额带等）齐全、牢固；帽舌伸出长度为 10 ~50 mm，倾斜度在 30°~60°之间；永久性标志清楚。

3）临时接地线

临时接地线如图 5 – 10 所示，是为防止向已停电检修设备送电或产生感应电压而危及检修人员生命安全而采取的技术措施。

挂接地线时要先将接地端接好，然后再将接地线挂在导线上，拆接地线的顺序与此相反。应检查接地铜线和三根短接铜线的连接是否牢固，一般应由螺栓拴紧后，再加焊锡焊牢，以防因接触不良而熔断。装设接地线必须由两人进行，装拆接地线均应使用绝缘棒和戴绝缘手套。

4) 防护遮栏、标示牌

防护遮栏、标示牌如图 5 – 11 所示，主要用来提醒工作人员或非工作人员应注意的事项。使用时应保证标示牌内容正确、悬挂地点无误；遮栏牢固可靠；严禁工作人员和非工作人员移动遮栏或取下标示牌。

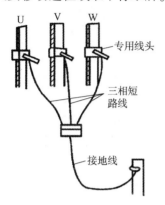

图 5 – 10　临时接地线

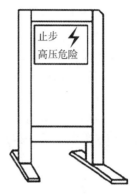

图 5 – 11　防护遮栏、标示牌

5) 脚扣

脚扣是由电用钢或合金铝材料制作的弧形弯梗、皮带扣环和脚登板等构成的轻便登杆用具，如图 5 – 12 所示。

脚扣在使用前应作外观检查，如有裂纹、腐蚀、断裂现象，应禁止使用。蹬杆前，应对脚扣作人体冲击试蹬，以检验其强度。其方法是：将脚扣系于钢筋混凝土杆上离地 0.5 m 处左右，借人体重量猛力向下蹬踩。脚扣（包括脚套）无变形及任何损坏方可使用。应按电杆的规格选择脚扣，不得用绳子或电线代替脚扣皮带系脚。脚扣应轻拿轻放，妥善保管。

6) 升降板

升降板是常用的攀登电杆用具，如图 5 – 13 所示。使用前应作外观检查，脚踏板木质应无腐朽、劈裂及其他机械或化学损伤；绳索无腐朽、断股或松散；绳索同脚踏板固定牢固；金属钩无损伤及变形。

图 5 – 12　脚扣

图 5 – 13　升降板

7）梯子

梯子是登高作业用具，如图 5 - 14 所示。为了避免靠梯翻倒，其梯脚与墙之间的距离不得小于梯长的 1/4。为了避免滑落，其间距离不得大于梯长的 1/2。在光滑、坚硬的地面上使用梯子时，梯脚应加胶套或胶垫；在泥土地面上使用时，梯脚最好加铁尖。在梯子上作业时，梯顶一般不应低于作业人员的腰部，或作业人员应站在距梯顶不小于 1 m 的横档上作业，切忌站在梯子的最高处或上面一、二级横档上作业，以防朝后仰面摔下。登在人字梯上操作时，切不可采取骑马方式站立，以防人字梯两脚自动滑开时造成事故。

8）安全网

安全网是用于防止高处作业人员坠落和高处落物伤人而设置的保护设施，如图 5 - 15 所示。每次使用前应检查网绳是否完整无损。受力网绳是直径为 8 mm 的锦纶绳，不得用其他绳索代替。分解立塔时，当塔身下段已组好，即可将安全网设置在塔身内部有水平铁的位置上，距地面或塔身内断面铁的距离应不小于 3 m，四角用直径 10 mm 的锦纶绳牢固地绑扎在主铁和水平铁上，并拉紧，一般应按塔身断面大小设置。如果安全网不够大，也可以接起来使用。

防滑拉绳

防滑胶皮

图 5 - 14　梯子

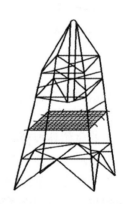

图 5 - 15　安全网

四、电气灭火知识

电气火灾是指由电气原因引发燃烧而造成的灾害，一般是由于电力线路或电气设备发生老化造成短路引起的，也可能是由于操作不当或雷电等所致。一旦发生火灾，应立即拨打"119 火警"报警电话，向消防部门求助。由于电气火灾是带电燃烧，所以蔓延迅速，扑救困难，危害极大，扑救时要严格按照规定的扑救方法进行，切忌盲目从事。

1. 断电灭火

当确定是电气设备或其他带电设备引起的火灾时，应先设法断开电源，然后才能进行扑救。

（1）对于有配电室的，可断开主电源；无配电室的则应先断开负载，然后可拉开开关。

（2）发生火灾时，因受潮闸刀开关的绝缘强度会降低，应使用绝缘工具把它拉开。

（3）切断用磁力起动器的电气设备时，应先按"停止"按钮，然后才能拉开闸刀开关。

（4）如果要剪断 380 V 及以下的线路时，可穿戴绝缘鞋和绝缘手套，用断电剪将电线切断。注意三条相线剪断部位应错开，以防止线路发生短路。悬空电线的剪断处应选择在电源方向的支持物附近，以防止导线剪断后掉落在地上，造成接地短路或触电。

（5）如燃烧情况威胁邻近运行设备时，也应迅速拉开相应的开关。

（6）夜间发生电气火灾，切断电源时，应考虑临时照明问题，以利扑救；需供电部门切断电源时，应迅速联系。

2. 带电灭火

为了能够争取灭火的时间，防止火灾扩大，或因生产需要及其他原因而无法切断电源时，必须进行带电灭火。

扑救电气火灾，可用二氧化碳、四氯化碳或干粉灭火器进行扑救，不允许使用泡沫灭火器。泡沫灭火器喷出的导电泡沫会破坏绝缘，有可能造成触电事故。

灭火时，灭火器的筒体、喷嘴及人体应跟带电体相隔一定的距离，使用四氯化碳灭火器灭火时，灭火人员应站在上风侧，以防中毒；灭火后空间要注意通风。使用二氧化碳灭火时，当其浓度达 85% 时，人就会感到呼吸困难，要防止窒息。

带电灭火使用喷雾水枪价格低廉，灭火效率高，但水能导电，灭火人员有触电危险。使用喷雾水枪灭火时，要穿戴绝缘手套、绝缘鞋等防护用具。同时，水枪喷嘴距带电体要有一定距离：10 kV 及以下者不小于 0.7 m；35 kV 及以下者不小于 1 m；110 kV 及以下者不小于 3 m；220 kV 不应小于 5 m。灭火之后，所有人员不应接近带电设备和水渍地区。

带电灭火必须有人监护。

能力训练

1. 低压验电笔的使用
（1）判断低压验电笔是否完好。
（2）用低压验电笔检测电源的相线与零线。
（3）用低压验电笔区分直流电源与交流电源。

2. 电气模拟火灾的扑救
（1）断开模拟火场的电源。
（2）穿戴绝缘防护用具。
（3）用干粉灭火器模拟灭火。
（4）清理现场。

任务测试

（1）以下选项中，（　　）不是基本安全用具。
A. 绝缘钳　　　　　　　B. 验电器　　　　　　　C. 绝缘垫
（2）以下选项中，（　　）是基本安全用具。
A. 绝缘靴　　　　　　　B. 绝缘棒　　　　　　　C. 绝缘垫
（3）低压验电器的检测电压范围为（　　）V。
A. 60 ~ 500　　　　　　B. 60 ~ 380　　　　　　C. 60 ~ 480

项目五　任务一
习题答案

（4）使用高压验电器时，当电压为 6 kV 时，验电器与带电设备距离应大于（　　）mm。

A. 150　　　　　　　B. 200　　　　　　　C. 250

（5）如果电动机着火，可以用（　　）灭火。

A. 泡沫灭火器　　　　B. 气体灭火器　　　　C. 黄砂

（6）使用低压验电器时，若氖管两极均发光，表示被测体带（　　）。

A. 直流电　　　　　　B. 交流电　　　　　　C. 高压电

（7）安装额定电压为 220 V 的用电设备时，可以采用（　　）接法。

A. 一相线一大地　　　B. 一相线一零线　　　C. 两相线

（8）电气安全用具分为绝缘安全用具和（　　）两大类。

A. 一般防护安全用具　B. 基本防护安全用具　C. 重要防护安全用具

（9）使用高压验电器进行验电时，操作人员（　　）戴上绝缘手套，穿上绝缘靴，手应握住护环以下部分，先在有电设备试验。

A. 必须　　　　　　　B. 不必　　　　　　　C. 视情况而定

（10）扑救电气火灾时，不允许使用（　　）灭火器进行扑救。

A. 二氧化碳　　　　　B. 泡沫　　　　　　　C. 四氯化碳

 课外阅读

避雷针是如何发明的?

1752 年 7 月的一天下午，闷雷阵阵，乌云滚滚，大雷雨即将来临。在北美洲的费城，科学家富兰克林做了一个轰动世界的实验。

他在郊外将丝绸做的风筝放上天。风筝顶端绑了一根尖细的金属丝，用于吸引闪电；金属丝连着放风筝用的细绳，细绳淋湿后，就成了导线；细绳的另一端系上绸带，在绸带和绳子之间，挂有一把钥匙，作为电极。

富兰克林躲在草棚屋檐下，紧握着没被雨水淋湿的绸带，目不转睛地观察风筝的动静。随着空中掠过一道耀眼的闪电，风筝引绳上的纤维丝竖了起来。这说明，雷电已经通过风筝和引绳传导下来了。他连忙把引绳上的钥匙和莱顿瓶连接起来，对莱顿瓶进行充电。由此证明了他所提出的"闪电和静电的同一性"的设想。

风筝实验证实了雷电是可以从天空"走"下来的。一年后，从俄国彼得堡传来一个不幸的消息：科学家利赫曼为了验证富兰克林的实验，在操作时，被一道电火花击中身亡。这促使富兰克林决定研制避免雷击装置。

他在屋顶高耸的烟囱上安装一根 3 m 长的尖顶细铁棒；在细铁棒的下端绑上金属线；把金属线引到一楼水泵上；将经过房间的金属线分成两股，且将两股线相隔一段距离，各挂一个小铃。这样，如果雷电从细铁棒进入，经过金属线进入大地，那么，两股线受力，小铃就会摇晃，发出响声。

一天，电闪雷鸣，风雨交加。伴随着雷声和雨声，小铃发出悦耳的声音。富兰克林

把那根细铁棒称为"避雷针"。

避雷针的问世，一开始被教会认为是对上帝的大不敬而遭到强烈反对。后来，神圣的教堂被雷电击中着火，而装有避雷针的房屋却平安无事。于是，避雷针的作用被人们所认识，至 1784 年，全欧洲的高楼顶都用上了避雷针。

课后练习

（1）什么叫安全电压？安全电压分为哪些等级？

（2）用于电气火灾的灭火器有哪几种？上网查询三种，说明其特点及操作方法。制作一个 PPT 进行说明。

（3）泡沫灭火器能否用于电气火灾的灭火？为什么？

（4）在停、送电时，配电箱、开关箱之间应遵守合理的操作顺序，送电操作顺序、断电操作顺序分别是如何操作的？

（5）一只小鸟落在 110 kV 的高压输电线上，虽然通电的高压线是裸露的电线，但小鸟两脚站在同一根高压线上仍安然无恙，为什么？

（6）小乐家的洗衣机在使用时，接触到金属门手柄会有"麻手"的感觉，可有解决的办法？为什么？

任务二　触电急救知识

任务目标

知识目标
①懂得触电的危害；
②掌握触电急救方法。

技能目标
①会正确切断触电电源；
②会正确进行触电急救。

任务描述

通过触电急救知识的学习，使学生了解触电对人体的危害，学会处理触电现场，会对触电者进行人工施救。

任务分析

通过模拟触电事故现场，使学生学会用胸外心脏按压法和口对口人工呼吸法进行触电急救。

任务学习

一、触电及其对人体的危害

触电事故是与电打交道的操作人员时刻不能忘记的危险事件。触电对人体的伤害有电击和电伤两种形式。电击是指电流通过人体内部，影响呼吸、心脏和神经系统，造成人体内部组织的损坏乃至死亡的触电事故。电伤是指电流对人体外部造成的局部伤害，如电弧烧伤。在触电事故中，电击与电伤常常会同时发生。

触电对人体的伤害程度与通过人体的电流大小、持续时间、电流途径、电流性质以及人体的健康状况等因素有关。

1. 人体允许电流

人体的心脏每收缩、扩张一次，中间约有 0.1 s 的间歇，这段时间心脏对电流最为敏感。在这一瞬间，即使是很小的电流通过心脏也会引起心室颤动，有可能造成致命危险。如果电流不在这一瞬间通过心脏，人的危险性就小些。

感觉电流是引起人体感觉的最小电流。实验表明，成年男性对工频和直流的平均感觉电流约为 1.1 mA 和 5.2 mA，而成年女性为 0.7 mA 和 3.5 mA。感觉电流不会对人体造成伤害，但电流增大时，人体反应变得强烈，可能造成坠落等间接事故。

摆脱电流是指人体触电后能自主摆脱电源的最大电流。实验表明，成年男性的工频和直流平均摆脱电流约为 16 mA 和 76 mA，成年女性约为 10.5 mA 和 51 mA。摆脱电流范围内，人体触电后能自主摆脱带电体而解除触电危险，因此，一般情况下把摆脱电流看作人体允许的电流。在装有防止触电的保护装置的场合，人体允许通过的电流可按 30 mA 考虑。在空中、水面等可能因电击造成严重二次事故的场合，人体允许电流应按不引起强烈痉挛的 5 mA 考虑。

因为存在着个体差异，每个人的生理条件及承受能力也不同，一般不足 1 mA 的电流通过人体，可引起肌肉收缩、神经麻痹，电疗仪和电子针灸仪，就是利用微弱电流对人体的刺激来达到治疗目的的。几个毫安的电流流经人体可产生电击感觉；十几毫安的电流较长时间通过人体可使肌肉痉挛，失去自控能力，无力摆脱带电体；如果 50 mA 电流通过人体达 1 s 以上，就有可能造成死亡。而几百毫安的电流通过人体则瞬间使人严重烧伤，并且立即停止呼吸。

2. 人体电阻

通过人体的电流越大，人体的生理反应越强烈，致命的危害也就越大。通过人体电流的大小，主要取决于施加于人体的电压及人体本身的电阻。

人体电阻包括皮肤电阻和体内电阻。体内电阻基本不受外界条件的影响，其阻值大约为 500 Ω。皮肤电阻随着条件的不同在很大的范围内变化，使得人体总电阻也在很大范围内变化。皮肤表面 0.03～0.2mm 厚的角质层的电阻高达 10～100 kΩ，但角质层不是一张完整的薄膜，而且很容易遭到破坏，计算人体电阻时不宜考虑在内。除去角质层，人体电阻一般不低于 1 kΩ。

影响人体电阻的因素除皮肤厚薄外，皮肤潮湿、多汗、有损伤、附有带电粉尘都会降低人体电阻，当手足潮湿时，人体电阻只有几百欧姆，甚至更小。接触面积加大，接触压力增加也会降低人体电阻；通过电流加大，通电时间加长会增加发汗发热也会降低人体电阻；接触电压增高，会击穿角质层，并增强机体电解也会降低人体电阻。考虑到以上诸多因素，一般情况下，人体电阻的平均值按 $1 \sim 2$ kΩ 来考虑。

3. 安全电压

在各种不同环境条件下，人体接触到有一定电压的带电体后，其各部分组织（如皮肤、心脏、呼吸器官和神经系统等）不发生任何损害时，该电压称安全电压。

我国规定的安全电压额定值为 42 V、36 V、24 V、12 V、6 V。行业规定安全电压为不高于 36 V。例如，手提照明灯、携带式电动工具、机床照明等，应采用 36 V 安全电压，一般控制回路采用 24 V 安全电压；金属容器内、隧道内、矿井内等工作场合，狭窄、行动不便及周围有大面积接地导体的环境，应采用 12 V 安全电压，以防止因触电而造成的人身伤害。

4. 电流途径

如果电流不经人体的心、肺等重要部位，除了电击强度较大时可造成内部烧伤外，一般不会危及生命。但如果电流流经上述部位，就会造成严重后果。这是由于电击会使神经系统麻痹而造成心脏停跳、呼吸停止。例如，当电流从人的一只手流到另一只手，或由手流到脚时，电流都经过了人体的心、肺等器官，此时，极易危及生命。

5. 电流性质

不同种类电流对人体的伤害是不一样的。相对而言 $40 \sim 300$ Hz 的交流电，对人体的危害要比高频电流、直流电及静电大。这是因为高频电流的集肤效应，使得体内电流相对减弱，因而对人伤害较小；直流电则不容易使心脏颤动，因而人体忍受直流电击的电流强度稍高一些；而静电的作用，一般随时间很快地减弱，没有足够的电荷，不会导致严重的后果。危险的工频电流流经人体内部，$20 \sim 80$ mA 的电流即可引起损伤，当通电时间超过心脏脉动周期时，$70 \sim 80$ mA 的电流可导致心室纤维性颤动而死亡。一般人体所能承受的安全电流可按 $25 \sim 30$ mA 考虑。

雷电和电容器放电都能产生冲击电流。冲击电流通过人体能引起强烈的肌肉收缩，所以，在使用高压、大容量电容时，一定要注意防止瞬时冲击电流产生电击危险。

6. 触电的类型

触电的类型主要有以下几种。

（1）单相触电。这是最常见的触电方式。人体的某一部分接触带电体的同时，另一部分又与大地或中性线相接，电流从带电体流经人体、大地、接地电阻再回到电源，形成了回路，如图 5 - 16（a）所示。这时人体将受到相电压的作用，电流大大超过 50 mA，这是很危险的。

图 5 - 16（b）所示为电源中性点不接地的单相触电，这时电流通过人体、大地，输电线与大地之间形成的电容和绝缘电阻再回到电源，也很危险。

（2）两相触电。两手同时接触两相电源时造成的触电，如图 5 - 17 所示。对于这种情况，无论电网中性点是否接地，人体所承受的线电压将比单相触电时高，且电流通过心脏，危险会更大。

（3）跨步电压触电。雷电流入地或高压线断落至地面上时，会在导线接地点及周围形成强电场。当人跨进这个区域，两脚之间出现的电位差称为跨步电压。在跨步电压作用下，电流从接触高电位的脚流进，从接触低电位的脚流出，从而形成触电，如图 5 – 18 所示。跨步电压的大小取决于人体站立点与接地点的距离，距离越小，其跨步电压越大。当距离超过 20 m（理论上为无穷远处），可认为跨步电压为零，不会发生触电危险。

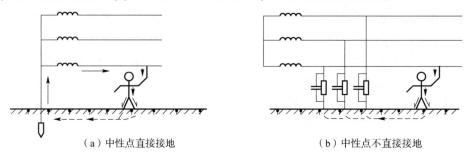

（a）中性点直接接地　　　　　　　　　（b）中性点不直接接地

图 5 – 16　单相触电

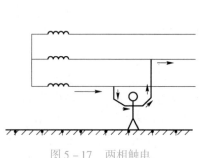

图 5 – 17　两相触电

图 5 – 18　跨步电压触电

（4）接触电压触电。电气设备由于绝缘损坏或其他原因造成接地故障时，如人体两个部分（手和脚）同时接触设备外壳和地面时，人体两部分会处于不同的电位，其电位差即为接触电压。由接触电压造成触电事故称为接触电压触电。可视同单相触电。

（5）感应电压触电。当人触及带有感应电压的设备和线路时所造成的触电事故。一些不带电的线路由于雷电活动，会产生感应电荷，停电后一些可能感应电压的设备和线路如果未及时接地，这些设备和线路对地均存在感应电压。

（6）剩余电荷触电。指当人体触及带有剩余电荷的设备时，对人体放电造成的触电事故。带有剩余电荷的设备通常含有储能元件，如并联电容器、电力电缆、电力变压器及大容量电动机等，在退出运行和对其进行类似摇表测量等检修后，会带上剩余电荷，因此要及时对其放电。

二、触电急救方法

1. 急救原则

触电急救的原则是迅速、就地、准确、坚持，切不可束手无策，贻误抢救时机。

（1）迅速。一旦发现触电者，要动作迅速，切不可惊慌失措，要争分夺秒、千方百计地使触电者脱离电源，并将触电者移到安全的地方。

（2）就地。一定要争取时间，在现场（安全地方）就地抢救触电者。

（3）准确。施救人员的抢救方法和施救的动作姿势要正确。

（4）坚持。急救必须坚持不懈，直至医务人员判定触电者已经死亡，再也无法抢救时，才能停止抢救。

2. 迅速使触电者脱离电源

人触电以后，可能由于痉挛或失去知觉等原因而紧抓带电体，不能自行摆脱电源。这时，使触电者尽快脱离电源是救活触电者的首要因素。

1）脱离低压电源的方法

（1）拉开触电地点附近的电源开关。但应注意，普通的电灯开关只能断开一根导线，有时由于安装不符合标准，可能只断开零线，而不能断开电源，人身触及的导线仍然带电，不能认为已切断电源。

（2）如果距开关较远或者断开电源有困难，可用带有绝缘柄的电工钳，或有干燥木柄的斧头、铁锹等利器将电源线切断，此时应防止带电导线断落触及其他人体，如图5－19所示。

（3）当导线搭落在触电者身上或压在身下时，可用干燥的木棒、竹竿等挑开导线，或用干燥的绝缘绳索套拉导线或触电者，使其脱离电源，如图5－20所示。

图5－19　用带绝缘柄的工具断开电源　　　　图5－20　用干燥的竹竿等挑开导线

（4）如触电者由于肌肉痉挛，手指紧握导线不放松或导线缠绕在身上时，可首先用干燥的木板塞进触电者身下，使其与地绝缘，然后再采取其他办法切断电源。

（5）触电者的衣服如果是干燥的，又没有紧缠在身上，不至于使救护人直接触及触电者的身体时，救护人才可以用一只手抓住触电者的衣服，将其拉脱电源，如图5－21所示。

（6）救护人可用几层干燥的衣服将手裹住，或者站在干燥的木板、木桌椅或绝缘橡胶垫等绝缘物上，用一只手拉触电者的衣服，使其脱离电源。千万不要赤手直接去拉触电者，以防造成群伤触电事故。

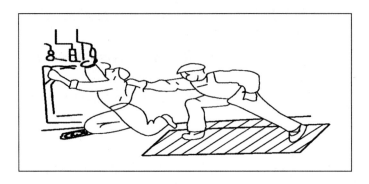

图 5 – 21　将触电者拉离电源

2）脱离高压电源的方法

（1）立即通知有关部门停电。

（2）戴上绝缘手套，穿上绝缘鞋，使用相应电压等级的绝缘工具，拉开高压跌开式熔断器或高压断路器。

（3）抛掷裸金属软导线，使线路短路，迫使继电保护装置动作，切断电源，但应保证抛掷的导线不触及触电者和其他人。

3）注意事项

（1）应防止触电者脱离电源后可能出现的摔伤事故。当触电者站立时，要注意触电者倒下的方向，防止摔伤，当触电者位于高处时，应采取措施防止其脱离电源后坠落摔伤。

（2）未采取任何绝缘措施，救护人不得直接接触触电者的皮肤和潮湿衣服。

（3）救护人不得使用金属和其他潮湿的物品作为救护工具。

（4）在使触电者脱离电源的过程中，救护人最好用单手操作，以防救护人自身触电。

（5）夜间发生触电事故时，应解决临时照明问题，以便在切断电源后进行救护，同时应防止出现其他事故。

3．现场急救方法

当触电者脱离电源后，将其迅速移至通风干燥处仰卧，放松上衣及裤带，保持呼吸道畅通，观察触电者有无意识和呼吸、触摸颈动脉有无搏动，迅速对症进行救护。同时，拨打120急救电话。

1）对症救护措施

（1）触电者神志清醒，心跳和呼吸均存在，只是有些心慌、四肢发麻、全身无力，应使触电者以仰卧姿势平躺休息，同时应严密观察。如在观察过程中，发现触电者呼吸或心跳很不规律甚至接近停止时，应赶快进行抢救，请医生前来或送医院诊治。

（2）触电者的伤害情况较严重，已处于昏迷状态，心跳停止，但呼吸存在，应立即采用胸外心脏按压法进行抢救。

（3）触电者昏迷，心跳存在，呼吸停止，应立即采用口对口（鼻）人工呼吸法进行抢救。

（4）触电者伤害很严重，心脏和呼吸均已停止、瞳孔放大、失去知觉，应立即交替采用人工胸外心脏按压法和人工呼吸法两种方法进行救治，做15次心脏按压后，做2次人工呼吸。做人工呼吸一定要坚持不懈，要坚持到把人救活，或者一直抢救到确诊死亡时为止；

如送医院抢救，在送医途中也不能中断急救措施。

2) 口对口人工呼吸法

用人工方法使气体有节律地进入肺部，再排出体外，使触电者获得氧气，排出二氧化碳，人为地维持呼吸功能。

(1) 将触电者仰卧，使头部尽量后仰，很快清理掉他嘴里的东西，让鼻孔朝天，如图 5-22 (a) 所示。这样，舌头根部就不会阻塞气道；同时，解开他的领口和衣服。注意，头下不要垫枕头；否则会影响通气。

(2) 救护人在触电者头部的左边或右边，用一只手捏紧他的鼻孔，另一只手的拇指和食指掰开嘴巴，如图 5-22 (b) 所示；如果掰不开嘴巴，可用口对鼻的人工呼吸法，捏紧嘴巴，紧贴鼻孔吹气，此时，要用一只手封住嘴以免漏气。

(3) 救护人深吸气后，紧贴掰开的嘴巴吹气，如图 5-22 (c) 所示，也可隔一层布吹；吹气时要使他的胸部膨胀，如触电者胸部起伏过大，容易把肺泡吹破；胸部起伏过小，则效果不佳。救护人要观察触电者胸部起伏程度来掌握吹气量。一般对成人是吹气 2 s，停 3 s，5 s 一次。成年人每分钟 12～16 次，对儿童是每分钟吹气 18～24 次。

(4) 救护人换气时，放松触电者的嘴和鼻，让他自动呼气，如图 5-22 (d) 所示。

口对口吹的口诀如下：张口捏鼻手抬颌，深吸缓吹口对紧；张口困难吹鼻孔，5 s 一次坚持吹。

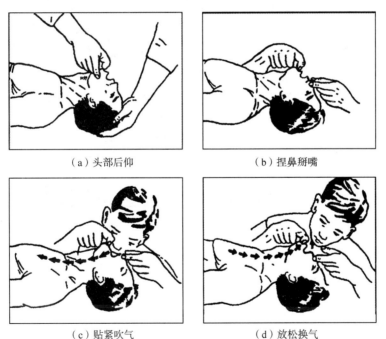

(a) 头部后仰　　　　　　　　　　　(b) 捏鼻掰嘴

(c) 贴紧吹气　　　　　　　　　　　(d) 放松换气

图 5-22　口对口人工呼吸法

3) 胸外心脏按压法

心脏按压是有节律地按压胸骨下部，间接压迫心脏，排出血液，然后突然放松，让胸骨复位，心脏舒张，接受回流血液，用人工维持血液循环，其要领如图 5-23 所示。

(1) 将触电者仰卧在硬板或地面上，身下不能垫厚软物件；否则会抵消按压效果。松开衣领和腰带，使其头部稍后仰（颈部可枕垫软物），救护人跨腰跪在触电者腰部两侧。找到正确的按压点，如图 5 – 23 （a）所示。

（2）救护人将一只手掌根部放在触电者胸骨处，心口窝稍高一点的地方，掌根放在胸骨下 1/3 的部位。中指指尖对准其颈部凹陷的下端，另一掌与其重叠（对儿童可用一只手），如图 5 – 23 （b）所示。

（3）抢救者借身体重量掌根用力向下，即向脊背的方向按压出心脏里面的血液，压下 3～5 cm，如图 5 – 23 （c）所示；突然松开掌根，让触电人胸廓自动复原，血又充满心脏，每次放松时掌根不必完全离开胸膛，如图 5 – 23 （d）所示。

按压和放松动作要有节奏，每分钟宜按压 60 次左右，不可中断，直至触电者苏醒为止。要求按压定位要准确，用力要适当，防止用力过猛给触电者造成内伤和用力过小按压无效。对儿童用力要适当小些。

胸外心脏按压法口诀：掌根下压不冲击，突然放松手不离；手腕略弯压一寸，一秒一次较适宜。

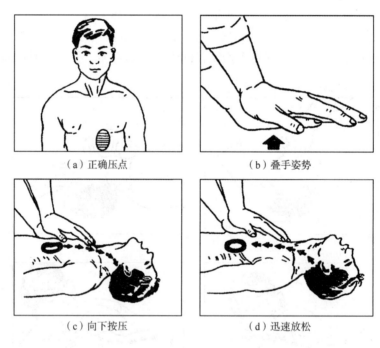

（a）正确压点　　　　　　　　　　（b）叠手姿势

（c）向下按压　　　　　　　　　　（d）迅速放松

图 5 – 23　胸外心脏按压法

能力训练

（1）使触电者脱离电源。

分组模拟不同的低压触电现场，让学生选择合适的施救工具，尽快使触电者脱离电源。

（2）学生进行"口对口人工呼吸法"和"胸外心脏按压法"动作和节奏的训练。

学生分成两人一组，相互进行两种方法的急救练习。

任务测试

项目五　任务二
习题答案

（1）行业规定安全电压为不高于（　　　）。

A. 24 V　　　　　　　　　B. 36 V　　　　　　　　　C. 48 V

（2）手提照明灯、携带式电动工具、机床照明等，应采用（　　　）安全电压。

A. 4 V　　　　　　　　　B. 36 V　　　　　　　　　C. 48 V

（3）同样大小的电流，（　　　）对人体的危害更大。

A. 直流电　　　　　　　B. 高频交流电　　　　　　C. 工频交流电

（4）一般人体所能承受的安全电流范围为（　　　）。

A. 20～80 mA　　　　　B. 25～30 mA　　　　　　C. 25～50 mA

（5）当某人不小心跨进高压线断落地面的区域时，他可以（　　　）。

A. 继续大步向前走　　　B. 往前慢慢爬行　　　　　C. 单脚向前跳跃

（6）触电者昏迷，心跳存在，呼吸停止，应立即采用（　　　）。

A. 口对口人工呼吸法　　B. 胸外心脏按压法　　　　C. 两种方法都可以

（7）触电者昏迷，呼吸存在，心跳停止，应立即采用（　　　）。

A. 口对口人工呼吸法　　B. 胸外心脏按压法　　　　C. 两种方法都可以

（8）救护人对触电者实施口对口人工呼吸法时，每分钟的吹气次数为（　　　）。

A. 越多越好　　　　　　B. 12～16 次　　　　　　C. 18～24 次

（9）胸外心脏按压法口诀：掌根下压不冲击，突然放松手不离；手腕略弯压一寸，（　　　）较适宜。

A. 一秒三次　　　　　　B. 一秒二次　　　　　　　C. 一秒一次

（10）当导线搭落在触电者身上或压在身下时，可用（　　　）等挑开导线，使其脱离电源。

A. 干燥的木棒　　　　　B. 潮湿的竹竿　　　　　　C. 细长的金属杆

课外阅读

人物简介

本杰明·富兰克林（Benjamin Franklin，1706 年 1 月 17 日至 1790 年 4 月 17 日），出生于美国马萨诸塞州波士顿，美国政治家、物理学家。同时也是出版商、印刷商、记者、作家、慈善家；更是杰出的外交家及发明家。他是美国独立战争时重要的领导人之一，参与了多项重要文件的草拟，并曾出任美国驻法国大使，成功取得法国支持美国独立。本杰明·富兰克林曾经进行多项关于电的实验，并且发明了避雷针，最早提出电荷守恒定律。他还发明了双焦点眼镜、蛙鞋等。本杰明·富兰克林被选为英国皇家学会院士。他曾是美国首位邮政局长。本杰明·富兰克林是美利坚开国三杰之一，被美国的权威期刊《大西洋月刊》评为影响美国的 100 位人物第 6 名。本杰明·富兰克林是美国历史上第一位享有国际声誉的科学家和发明家。

主要成就

电学贡献：

(1) 说明各种电现象的理论，最早提出电荷守恒定律。

(2) 揭开雷电现象的秘密，发明了避雷针。

数学贡献：创造了 8 次和 16 次幻方，这两个幻方性质特殊，变化复杂，至今仍为学者称道。

热学贡献：改良了取暖的炉子，能够节省 75% 的燃料。

光学贡献：发明了老年人用的双焦距眼镜，既能看清楚近处又能看清楚远处的事物。

其他贡献：发明了摇椅，改进了路灯。发现了墨西哥湾的海流。制定了新闻传播法。最先绘制暴风雨推移图。发现人们呼出气体的有害性。最先解释清楚北极光。被称为近代牙科医术之父。最先组织了消防厅。创立了近代的邮信制度。创立了议员的近代选举法。发现了感冒的原因。发明了颗粒肥料。设计出夏天穿的白色亚麻服装，设计了最早的游泳眼镜和蛙蹼。1763 年发明玻璃琴（Glass Harmonica），它是一组放置于水平纺锤中的玻璃器皿，经由演奏者的脚踏板使纺锤中充满水，再经由手指精巧的摩擦而发出声音。

课后练习

(1) 什么是跨步电压？

(2) 什么是接触电压触电？

(3) 触电的急救要点是什么？

(4) 触电有几种类型？在日常生活中，哪种触电形式是最危险的？

(5) 如何应急处置触电事故？

(6) "口对口人工呼吸法"和"胸外心脏按压法"各自适用于什么场合？

参 考 文 献

[1] 蔡启仲. 电工基础 [M]. 北京：清华大学出版社，2013.

[2] 刘志民. 电路分析 [M]. 4版. 西安：西安电子科技大学出版社，2012.

[3] 邱关源. 电路 [M]. 5版. 北京：高等教育出版社，2006.

[4] 汪金山. 电路分析教程 [M]. 北京：电子工业出版社，2011.

[5] 张永瑞，王松林. 电工基础教程 [M]. 北京：科学出版社，2010.

[6] 袁良范，马幼鸣. 简明电路分析 [M]. 北京：北京理工大学出版社，2011.

[7] 侯艳红，马艳阳. 电路分析项目化教程 [M]. 西安：西安电子科技大学出版社，2015.

[8] 康丽杰，刘敏，宗云，等. 电路分析基础项目化教程 [M]. 北京：清华大学出版社，2016.

[9] 陈素芳. 电工技术实训 [M]. 西安：西安电子科技大学出版社，2005.

[10] 张仁醒. 电工基本技能实训 [M]. 北京：机械工业出版社，2005.

[11] 田玉丽. 电工技术 [M]. 北京：中国电力出版社，2009.

[12] 孔晓华. 电工技术项目教程 [M]. 北京：电子工业出版社，2007.

[13] 张洪宪，张礼宽，张雪娟. 电路基础实践教程 [M]. 杭州：浙江大学出版社，2008.

[14] 张彩荣. 电路实验实训及仿真教程 [M]. 南京：东南大学出版社，2015.

[15] 张志立. 电路实验与实践教程 [M]. 北京：电子工业出版社，2016.

[16] 吴雪. 电路实验教程 [M]. 北京：机械工业出版社，2017.